1+X 职业技术·职业资格培训教材

主　编　张伟平　徐龙章
编　者　崔海霞　栾东庆　彭华林
主　审　罗晓丹

软件测试人员（.NET）（高级）

中国劳动社会保障出版社

图书在版编目(CIP)数据

软件测试人员（.NET）：高级/上海市职业培训研究发展中心组织编写. —北京：中国劳动社会保障出版社，2011

1＋X职业技术·职业资格培训教材

ISBN 978－7－5045－9071－8

Ⅰ.①软… Ⅱ.①上… Ⅲ.①软件-测试-技术培训-教材 Ⅳ.①TP311.5

中国版本图书馆CIP数据核字(2011)第118918号

中国劳动社会保障出版社出版发行

（北京市惠新东街1号 邮政编码：100029）

出 版 人：张梦欣

*

北京宏伟双华印刷有限公司印刷装订 新华书店经销

787毫米×1092毫米 16开本 14印张 257千字

2011年7月第1版 2011年7月第1次印刷

定价：28.00元

读者服务部电话：010－64929211/64921644/84643933

发行部电话：010－64961894

出版社网址：http：//www.class.com.cn

内 容 简 介

本教材由人力资源和社会保障部教材办公室、中国就业培训技术指导中心上海分中心、上海市职业培训研究发展中心依据上海 1 + X 软件测试人员（. NET）三级职业技能鉴定细目组织编写。教材从强化培养操作技能，掌握实用技术的角度出发，较好地体现了当前最新的实用知识与操作技术，对于提高从业人员基本素质、掌握高级软件测试人员的核心知识与技能有直接的帮助和指导作用。

本教材在编写中根据本职业的工作特点，以能力培养为根本出发点，采用模块化的编写方式。本教材内容共分为 4 章，主要包括：软件测试技术应用、VSTS 及测试技术、自动化测试工具以及软件测试管理与应用。

本教材可作为软件测试人员（. NET）三级职业技能培训与鉴定考核教材，也可供全国中、高等职业技术院校相关专业师生参考使用，以及本职业从业人员培训使用。

前　言

职业培训制度的积极推进，尤其是职业资格证书制度的推行，为广大劳动者系统地学习相关职业的知识和技能，提高就业能力、工作能力和职业转换能力提供了可能，同时也为企业选择适应生产需要的合格劳动者提供了依据。

随着我国科学技术的飞速发展和产业结构的不断调整，各种新兴职业应运而生，传统职业中也愈来愈多、愈来愈快地融进了各种新知识、新技术和新工艺。因此，加快培养合格的、适应现代化建设要求的高技能人才就显得尤为迫切。近年来，上海市在加快高技能人才建设方面进行了有益的探索，积累了丰富而宝贵的经验。为优化人力资源结构，加快高技能人才队伍建设，上海市人力资源和社会保障局在提升职业标准、完善技能鉴定方面做了积极的探索和尝试，推出了1+X培训与鉴定模式。1+X中的1代表国家职业标准，X是为适应上海市经济发展的需要，对职业的部分知识和技能要求进行的扩充和更新。随着经济发展和技术进步，X将不断被赋予新的内涵，不断得到深化和提升。

上海市1+X培训与鉴定模式，得到了国家人力资源和社会保障部的支持和肯定。为配合上海市开展的1+X培训与鉴定的需要，人力资源和社会保障部教材办公室、中国就业培训技术指导中心上海分中心、上海市职业培训研究发展中心联合组织有关方面的专家、技术人员共同编写了职业技术·职业资格培训系列教材。

职业技术·职业资格培训教材严格按照1+X鉴定考核细目进行编写，教材内容充分反映了当前从事职业活动所需要的核心知识与技能，较好地体现了适用性、先进性与前瞻性。聘请编写1+X鉴定考核细目的专家，以及相关行业的专家参与教材的编审工作，保证了教材内容的科学性及与鉴定考核细目以及题库的紧密衔接。

职业技术·职业资格培训教材突出了适应职业技能培训的特色，使读者通过学习与培训，不仅有助于通过鉴定考核，而且能够真正掌握本职业的核心技术与操作技能，从而实现从懂得了什么到会做什么的飞跃。

职业技术·职业资格培训教材立足于国家职业标准，也可为全国其他省市开展新职业、新技术职业培训和鉴定考核，以及高技能人才培养提供借鉴或参考。

本教材在编写过程中得到了上海市信息服务外包发展中心、上海立达职业技术学院的大力支持与协助，在此一并表示衷心的感谢！

新教材的编写是一项探索性工作，由于时间紧迫，不足之处在所难免，欢迎各使用单位及个人对教材提出宝贵意见和建议，以便教材修订时补充更正。

人力资源和社会保障部教材办公室
中国就业培训技术指导中心上海分中心
上海市职业培训研究发展中心

目　录

第 1 章

软件测试技术应用

第 1 节　软件测试技术基础

一、软件工程

1. 软件工程目标

软件工程是研究和应用如何以系统、规范化、可定量的过程化方法去维护软件，以及如何把经过时间考验而证明正确的管理技术和当前能够得到的最好的技术方法结合起来的工程。狭义上说，软件工程的目标在于生产出满足预算、按期交付、用户满意的无缺陷的软件，当用户需求改变时，生产的软件必须易于修改。

图 1—1 为一个精简的软件工程概念模型。

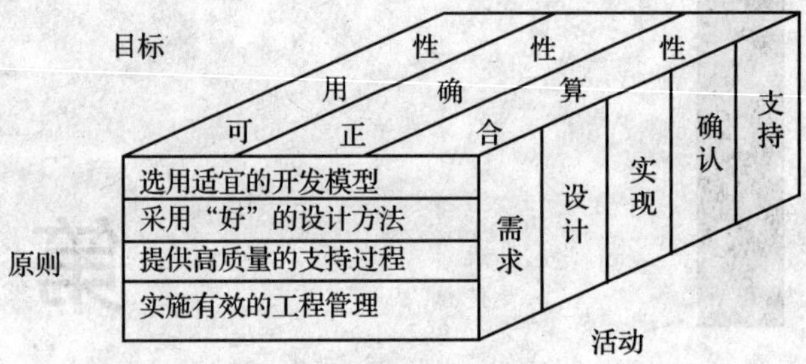

图 1—1　软件工程

该模型可以用一句话概括：软件工程是目标、原则、活动的集合，体现了目标—原则—活动的三维正交关系：

（1）任何目标，都要依照特定方法，由特定活动实现。

（2）任何原则，都要指导特定活动，来完成某种目标。

（3）任何活动，都由特定方法指导，来完成某种目标。

2. 软件工程的基本原理

自从 1968 年提出“软件工程”这一术语以来，研究软件工程的专家学者陆续提出了上百条关于软件工程的原理和准则；美国著名软件工程专家 Barry Boehm 综合各方面专家的意见，并总结了 TRW 公司多年软件开发的经验，于 1983 年提出了软件工程的七条基本原理。

Boehm 认为，七条原理是确保软件产品质量和开发效率的最小原理集合，它们是相互独立的，且缺一不可，是相当完备的原理。虽然人们不能用数学的严格方法证明它们是一个完备的集合，但是可以证明，在此之前专家学者提出的上百条软件工程原理都可以由这七条原理的任意组合蕴含或派生，具体如下：

（1）用分阶段的生命周期计划严格管理。有数据统计发现，在不成功的软件项目中，有一半左右是由于计划不周造成的，把建立完善的计划作为第一条基本原理是在吸取前人教训的基础上提出的。在软件开发与维护的漫长生命周期中，需要完成许多性质各异的工作，这条基本原理意味着，应该把软件生命周期划分成若干个阶段，并相应地制订出切实可行的计划，然后严格按照制定的计划对软件开发与维护工作进行管理。Boehm 认为，在软件的整个生命周期中应该制订并严格执行六类计划，它们是项目概要计划、里程碑计划、项目控制计划、产品控制计划、验证计划和运行维护计划。不同层次的管理人员都必须严格按照计划各司其职、各尽其能地管理软件开发和维护工作，绝不能受客户或上级人员的影响而擅自背离预定计划。

（2）坚持进行阶段评审。在提出软件工程的七条基本原理之前，人们当时就已经认识到，软件的质量保证工作不能等到编码阶段结束之后再进行，支持这种观点的理由至少有两个：其一，大部分错误是在编码之前造成的，例如：根据 Boehm 等人的统计，设计错误占软件错误的 63%，编码仅占 37%；其二，越晚发现和改正错误，所需付出的代价也越高。因此，在每个阶段都进行严格的评审，以便尽早发现在软件开发过程中所犯的错误，是一条必须严格遵循的重要原则。

（3）实行严格的产品控制。在软件开发过程中不应随意改变需求，因为改变一项需求往往需要付出高昂的代价，但是，在软件开发过程中改变需求又是难免的，由于外部环境的变化，相应地改变用户需求是一种客观需要，显然不能硬性禁止客户提出改变需求的要求，而只能依靠科学的产品控制技术来顺应这种要求。即当需求改变时，为了保持软件各个配置成分的一致性，必须实行严格的产品控制，其中主要是实行基准配置管理。

所谓基准配置又称基线配置，它们是经过阶段评审后的各个阶段产生的文档或程序代码，一切关于修改软件的意见和建议，特别是涉及对基准配置的修改建议，都必须按照严格的流程进行评审，只有获得批准后才能实施修改。绝对不允许未经批准随意修改（包括尚处于开发过程中的软件）。

（4）采用现代程序设计技术。从提出软件工程的概念开始，人们就一直把主要精力用于研究各种新的程序设计技术。60 年代末提出的结构程序设计技术，已经成为绝大多数人公认的先进的程序设计技术，后来又进一步发展出各种结构分析、结构设计、面向对象设计等新技术。实践证明，采用先进的技术既可以提高软件开发的效率，又可以提高软件维护的效率。

（5）结果应能清楚地审查。软件产品不同于一般的物理产品，它是看不见、摸不着的逻辑产品。软件开发人员的工作进展情况可见性差，难于准确度量，从而使得软件产品的开发过程比一般产品的开发过程更难于评价和管理。为了提高软件开发过程的可见性，更好地进行过程控制和管理，应该根据软件开发项目的总目标及完成期限，规定开发组织的责任和产品标准，从而使所得到的结果能够清楚地审查。

（6）开发小组的人员应该少而精。该条基本原理的含义是，软件开发小组的组成人员应具备良好的素质，人数不宜过多，因为开发小组人员的素质和数量是影响软件产品质量和开发效率的重要因素。素质低的人员的开发效率与素质高的人员的开发效率可能相差几倍甚至几十倍，而且素质高的人员所开发的软件，错误明显少于素质低的人员所开发的软件。此外，随着开发小组人员数量的增加，因人员交流情况、讨论问题而造成的通信开销会急剧增加。当开发小组为 N 人时，可能的通信路径有 N（N－1）/2 条，可见随着数 N 的增大，通信开销将急剧增加。因此，组建少而精的开发小组是软件工程的一条基本原理。

（7）不断改进软件工程实践的必要性。遵循上述六条基本原理，就能够按照当代软件工程的基本原理实现软件的工程化生产，但是，仅有上述六条原理并不能保证软件开发与维护的过程，能赶上时代前进的步伐和技术的不断更新。因此，Boehm 提出，应把不断改进软件工程实践的必要性作为软件工程的第七条基本原理。按照这条原理，不仅要积极主动地采纳新的软件技术，而且要注意不断总结经验。例如：收集资源耗费数据，收集出错类型和问题报告数据等，这些数据不仅可以用来评价新的软件技术效果，而且可以用来指明必须着重开发的软件工具和优先研究的新技术。

3. 软件测试与软件质量的关系

软件测试是为软件项目服务的，在整个项目中，要强调测试服务的概念，虽然软件测试的目的是为了发现软件中存在的错误，但是，其根本目的是为了提高软件质量，降低软件项目的风险。

软件的质量风险表现在内部风险和外部风险两个方面。内部风险是在即将销售的时候发现有重要的错误，从而延迟软件产品的发布日期，失去市场的机会；外部风险是用户发现了不能容忍的错误，引起索赔、法律纠纷以及用于客户支持的费用，甚至失去客户的风险。

软件测试只能证明软件存在错误，而不能证明软件没有错误。软件公司对软件项目的期望是在预计的时间、合理的预算下，提交一个可以交付使用的软件产品；测试的目的就是把软件的错误控制在一个可以进行产品发布的程度上，发布的产品并不是没有错误的产品，因此软件测试不可能无休止地进行下去，而是要把错误控制在一个合理的范围之内，因为软件测试也是需要花费巨大成本的。

有资料表明，波音 777 飞机整体设计费的 25% 都花在测试上，而且随着测试时间的延伸，发现错误的成本会越来越大，这就需要测试有度，而这个度并不能由项目计划的时间来判断，而是要根据测试出现错误的概率来判断。这也要求在项目计划时，要给测试留出足够的时间和经费，仓促的测试或者由于项目提交计划的压力而终止测试，会对整个项目造成无法估量的损失。

4. 软件测试与软件开发的关系

（1）测试与开发各阶段的关系。软件测试与开发各阶段的关系如图 1—2 所示。

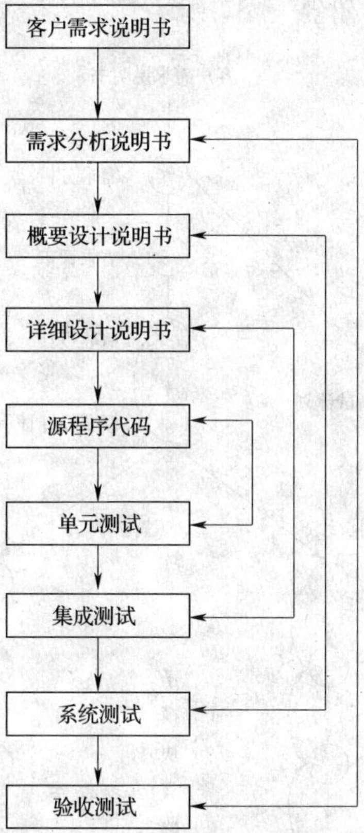

图 1—2　软件测试与开发关系图

从图中可以发现，测试在开发阶段的作用如下：

1）需求分析阶段：确定测试需求分析、系统测试计划的制订、评审后的管理。其中，测试需求分析是对产品生命周期中，测试所需要的资源进行深入分析；系统测试计划是依据软件的需求规格说明书，设计测试用例和测试的实施等。

2）概要设计与详细设计阶段：确保完成单元测试、集成测试和系统测试计划。

3）编码阶段：该阶段主要由开发人员测试自己负责部分的代码。在较大的项目中，则由专人进行编码阶段的测试任务。

4）测试阶段：实施单元测试、集成测试、系统测试、验收测试，并提交相应的测试报告。

（2）测试与开发的并行性。在确定软件的需求并通过评审后，概要设计工作与测试计划的制订和设计工作就要并行。如果系统模块已经建立，对各个模块的详细设计、编码、单元测试等工作可以并行实施。待每个模块完成后，可以进行集成测试、系统测试、验收测试。并行工作流程如图 1—3 所示。

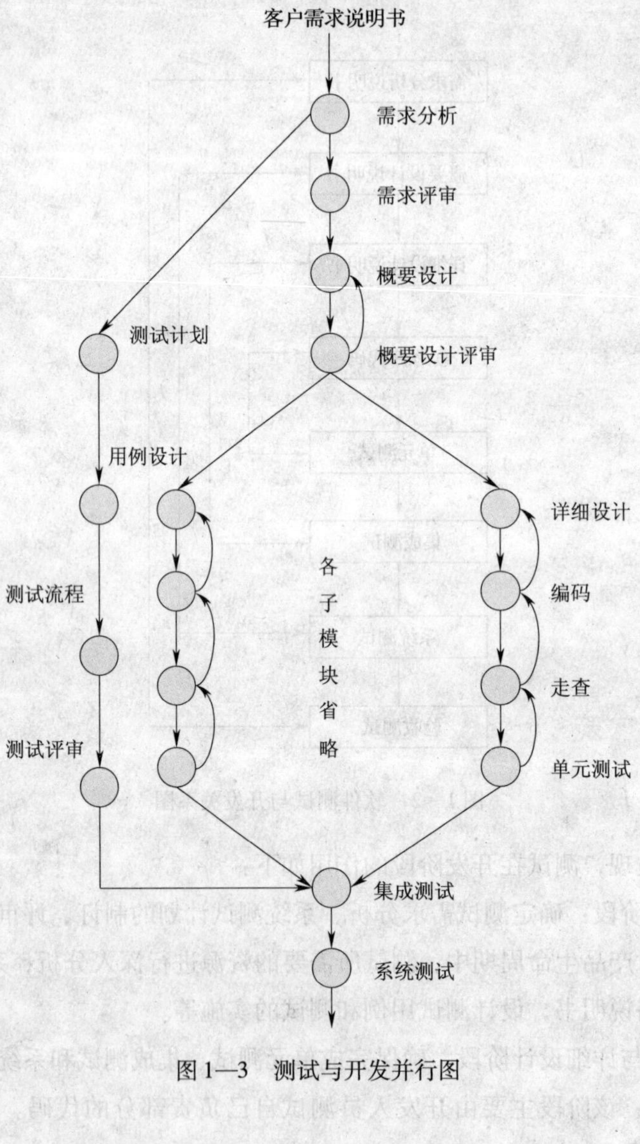

图 1—3　测试与开发并行图

二、软件质量模型

在软件行业领域中，比较流行的质量模型主要包括：McCall 质量模型、ISO 质量模型（软件部分）、CMM－SW 质量模型、6－Sigma 质量模型。

1. McCall 标准简介

1976 年 Boehm 等人提出了软件质量模型的分层方案，1979 年 McCall 等人通过改进 Boehm 质量模型又提出了一种改进型软件质量模型，即 McCall 质量模型。模型的三层次框架如图 1—4 所示，表 1—1 列出了 McCall 模型对象的作用。

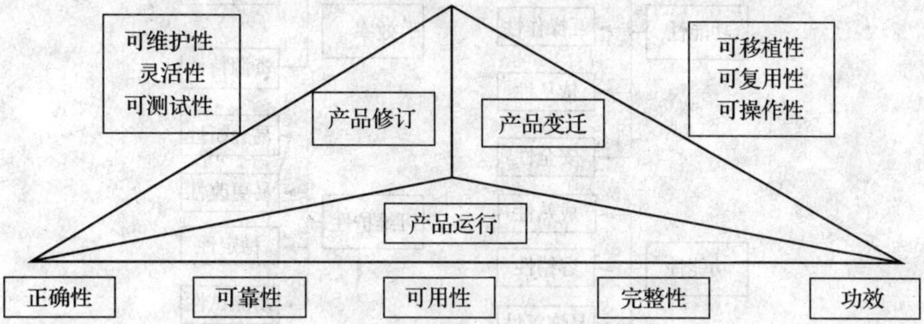

图 1—4　模型的三层次框架

表 1—1　**McCall 模型对象的作用**

作用	说明
正确性	通常指严格按产品规格说明书的要求进行评估，保证软件产品没有缺陷
可靠性	通常指软件产品持续运行或产品在特定的条件下（负载、大数据量）运行时不会出现错误、异常
可用性	通常指软件产品的易用程度，客户体验
完整性	通常指数据、功能的完整性，同时对重要数据和功能进行权限保护
功效	通常指运行软件产品时所需消耗的计算机资源
可维护性	通常指客户提出新的要求或软件产品在特殊环境下运行时出现问题的维护成本
灵活性	通常指软件产品在需求变更时所需修改的程序
可测试性	通常指提供的软件产品功能完善
可移植性	通常指软件产品在移植过程中的难易程度
可复用性	通常指软件产品中各模块的可重复利用性，复用程度越高，软件产品越好
可操作性	通常指软件产品操作是否简便、上手快

2. ISO9000 标准简介

20 世纪 90 年代初期，软件工程组织试图将诸多的软件质量模型统一到一个模型中，并把这个模型作为度量软件质量的一个国际标准。国际标准化组织 1991 年颁布了 ISO 9126—1991标准《软件产品评价 - 质量特性及其使用指南》，与此同时，我国 1996 年发布了类似的软件产品质量评价标准 GB/T 16260—1996。它是一个分层质量模型，有 6 个影响质量的特性，图 1—5 为质量特性和质量子特性的层次结构。

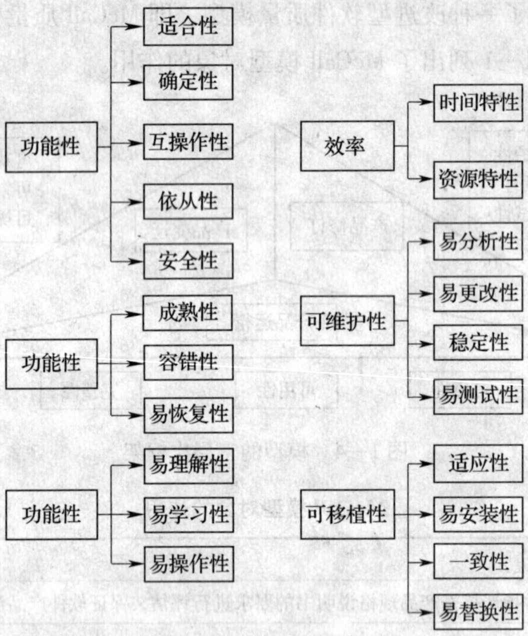

图 1—5　质量特性

3. CMMI 标准简介

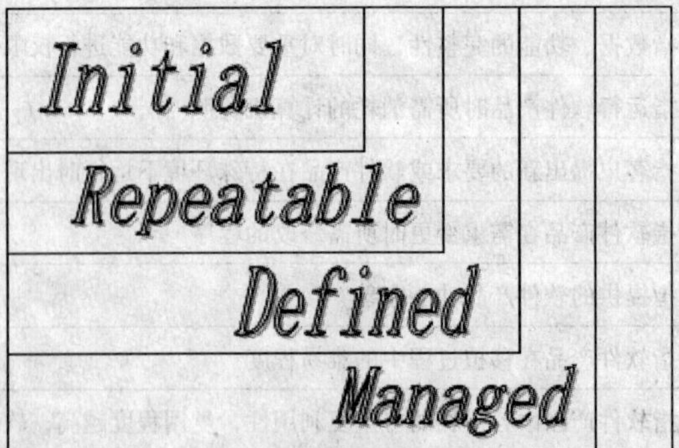

图 1—6　软件能力成熟度模型等级

在介绍 CMMI 标准之前，有必要先介绍一下 CMM，CMM（Capability Maturity Model）是能力成熟度模型的英文缩写，该模型是基于多年对产品质量的研究成果而建立的。随着计算机的发展，1991 年美国制定了最初的标准 CMM1.0，该标准最初的主要目的是为了评价美国国防部的软件合同承包组织的能力，后因为软件企业应用 CMM 模型实施过程改进取得了较好的收益，该标准很快被推广到全美乃至世界范围，随着 CMM 的实施，SEI 同时建立了主任评估师评估制度，为全世界的软件企业进行认证评估，CMM 的评估方法为 CBA - IPI。

在 1992 年 4 月，SEI 举行了一个 CMM 的研讨会，在广泛听取了众多软件工程专家的意见之后，于 1993 年推出了 CMM1.1 版，直到 2003 年 SEI 宣布不再更新和支持 CMM；同时启用新的标准 CMMI（Capability Maturity Model Integration，即能力成熟度模型集成）进行替代。CMMI 标准最为人所熟知的就是将标准中的若干个过程区域分成了 5 个成熟度级别，帮助实施 CMMI 的组织建议一条比较容易实现的过程改进发展道路，以下分别介绍 CMMI 的 5 个成熟度级别。

（1）初始级（Initial）。初始级，作为 CMMI 的最低的等级，其项目在软件开发过程中没有提供一整套完成的项目流程；尽管公司对项目的目标很清晰，但项目的成功往往依赖于项目组成员的个人能力，而且没有监督、评估，项目的成功具有非常大的偶然性，同时企业也无法保证在实施同类项目时能够及时完成任务，作为仅达到初始级的软件企业，在实现软件产品功能上是非常努力的，但最后基本上都无法控制项目的进度、成本、软件产品的稳定性、易用性等问题。

（2）可重复级（Repeatable）。项目在软件开发过程中已建立了基本的项目管理过程，可用于对成本、进度和功能特性进行跟踪和管理，当再次研发类似应用开发项目时可以重复利用以往成功的案例。

（3）已定义级（Defined）。项目在软件开发过程中用于管理、工程的软件过程均已实现文档化、标准化，并形成了整个软件组织的标准软件过程，在展开测试之前，均会采用适当修改并力争与实际情况相适应的标准过程。

（4）可管理级（Managed）。项目在软件开发过程和产品质量方面均有详细的度量标准，在实施过程中全程进行监督和控制，使项目按计划进行。

（5）持续优化级（Optimizing）。通过对已有过程的改进，同时引进新概念、技术和方法进行各种定量分析，能够不断地、持续性地对过程进行改进。

4. 6 - Sigma 质量模型

6 - Sigma 是质量标准领域的一个新兴标准，其标准概念最早由摩托罗拉公司提出，该公司在推行 6 - Sigma 质量管理标准之后，产品在品质方面产生巨大的提升，6 - Sigma 质量管理标准随即受到瞩目并获得广泛的应用。

Sigma（中文译为：西格玛）是希腊字母 σ 的译音，在统计学上用来表示“标准偏差”，即数据的分散程序，6 - Sigma 即意为：6 位标准偏差。Sigma 质量标准通过应用数量统计来协助衡量价值流的每一过程、每一工序，以及每一个发送过程与结果，在质量领域，6 - Sigma 表示每百万个产品的不良品率不大于 3.4，即每一百万个产品最多只有3.4 个不合格产品。

6 - Sigma 质量模型通常划分了五个阶段，分别是：D 代表定义；M 代表测量；A 代表分析；I 代表改进；C 代表控制。企业通过实施 6 - Sigma 质量标准可大大提高软件产品质量，降低产品的失误和故障率，并提高客户的满意度和市场占有率，从而增加销售额。另一方面，通过提高效率、减少故障，企业还可节省大量因质量问题和效率低下而损失的成本。

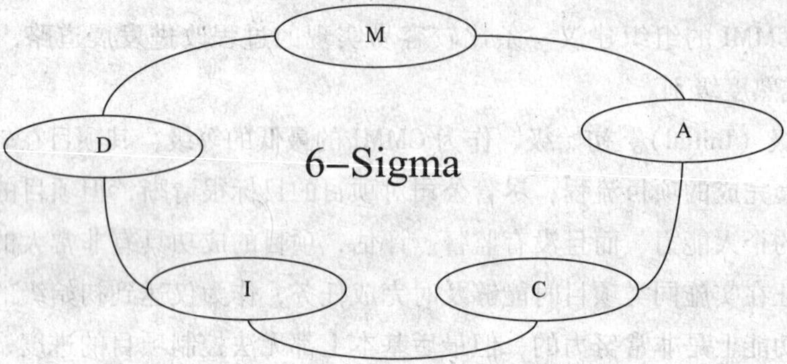

图 1—7　6 - Sigma 质量模型

三、软件测试的策略

为了实现软件测试活动的总体方法和目标，保证开发的软件符合客户和软件需求规格说明书的要求，同时确保软件产品质量，软件测试策略必须按照标准规范首先构造测试环境和测试数据资源，并从不同的角度、采用不同的测试设计方法，并借助测试工具，考虑测试策略中可能隐藏的风险等进行测试。

其中：

- 测试的结束标准依据事先定义好的标准执行，例如：当测试用例成功执行 95% 以上时，可以认定软件测试通过验收；或者在现有的缺陷库中没有非常严重的 bug，如：系统崩溃、数据丢失等现象的发生；还可以通过白盒方法测试代码覆盖率，当达到一定的标准时，可以认定测试结束。

- 测试类型，如功能测试、性能测试、容量测试、负载测试、安装/卸载测试、接口测试、可靠性测试、兼容性测试、文档测试等。

- 评估标准可基于代码的测试覆盖率、基于需求的测试覆盖率、缺陷的数量等。
- 测试方法主要分为手动测试和自动测试。
- 测试资源一般包括：所需的测试环境、人力资源、测试数据和测试工具等。表 1—2 列出了一个简单的软件测试策略的实例。

表 1—2　　软件测试策略实例

测试策略项	举例
测试阶段	系统测试
测试类型	功能测试
测试环境	软件、硬件配置
测试技术	40% 自动化测试，60% 手动测试
通过标准	95% 以上的测试用例通过，并且严重缺陷全部解决
特殊考虑	功能测试通常在白天进行，性能测试必须晚上进行

四、软件测试的实施

1. 软件测试的引入

把软件测试引入项目开发的早期，很多人因认为这会大大增加研发的成本，而对软件测试不屑一顾，或只是在项目开发后期进行简单测试。而事实证明这种看法是错误的，如图 1—8 和图 1—9 所示，在项目开发早期进行测试，问题还比较少，也相对容易处理，修复成本相对较低；但如果放任不管，到项目后期，问题的数量和破坏性都会迅速增加，其修复成本将成倍增长。

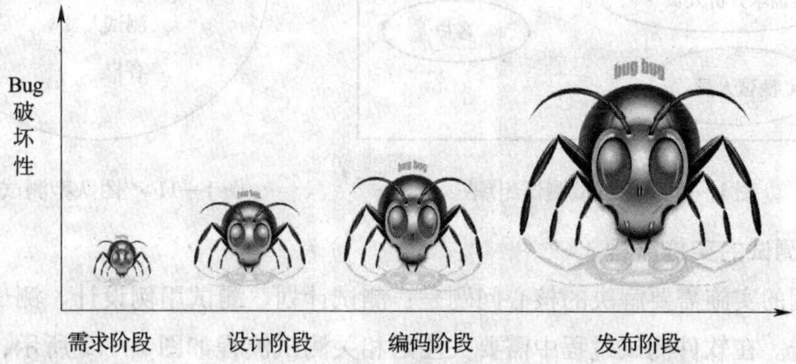

图 1—8　Bug 破坏性示意图 1

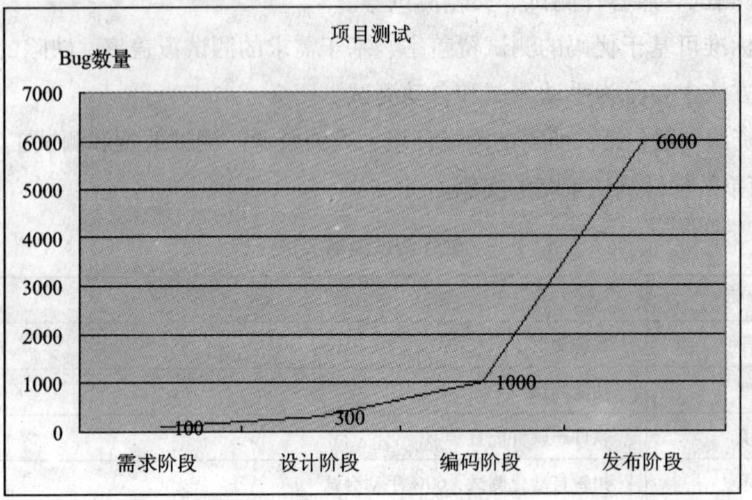

图 1—9　Bug 破坏性示意图 2

2. 传统型与团队型测试组织

从图 1—10 中可以看到，早期传统型测试组织的测试人员、需求分析人员、客户都是独立分开的，而且不属于一个整体，直接导致在业务、沟通方面产生较多的问题。随着软件测试行业的不断发展，越来越多的企业逐渐对测试重视起来，而为了更好地协调测试工作，测试逐渐转向团队协作。从图 1—11 中可以发现，项目组成员都融入了一个整体中，在整个测试工作中相互协调，相互沟通，彼此监督。

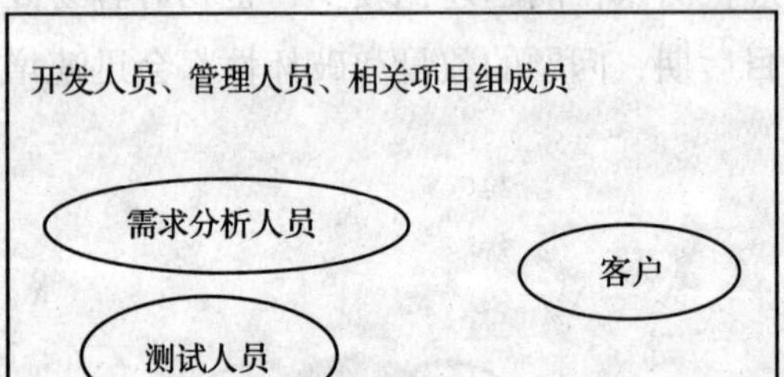

图 1—10　传统型测试组织

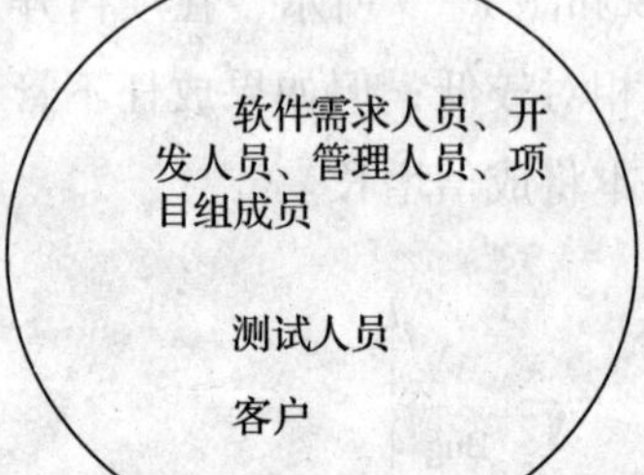

图 1—11　团队型测试组织

3. 软件测试的实施流程

测试过程的实施需要解决的核心问题是：测试计划、测试用例设计、测试缺陷报告和测试总结报告。在软件测试过程中需要关注的相关测试流程如图 1—12 所示，并同时给出了测试过程中输入/输出之间的顺序及需要编写的相关测试文档。

IEEE829——1998 软件测试文档编制标准

软件测试文档模板

目录

测试计划

测试设计规格说明

测试用例说明

测试规程规格说明

测试日志

测试缺陷报告

测试总结报告

图 1—12　软件测试流程

图 1—12 中仅列出了几个重要的文档，在整个测试实施过程中还包括软件测试环境搭建、软件版本管理、集成测试计划、系统测试计划、验收测试计划、回归测试计划等重要过程。

第 2 节　常见软件测试技术

软件测试是产品开发中非常重要的一个环节，其工作包括测试环境的构造，制订计划、确定测试过程以及测试结果的分析，明确和理解测试组织活动的工作流程及范畴，根据需要对测试环境进行调整，最终保证软件测试的实施。本节主要围绕软件测试过程常用的软件测试技术类型进行介绍，包括安装测试、兼容性测试、Web 测试、软件需求测试及文档测试。

一、安装测试

产品安装是用户应用软件的基础，在进行安装测试过程中应全面考虑用户进行软件安装的各个环节，通常包括以下几部分：测试安装的类型；测试安装的平台和环境；测试安装过程的异常；安装的配置测试；安装的界面测试；其他安装测试的注意事项。

1．安装的类型

（1）典型安装。主要安装软件产品的基本组件，应以大多数用户对软件产品的使用习惯为标准选择典型安装的组件，如图 1—13 所示。

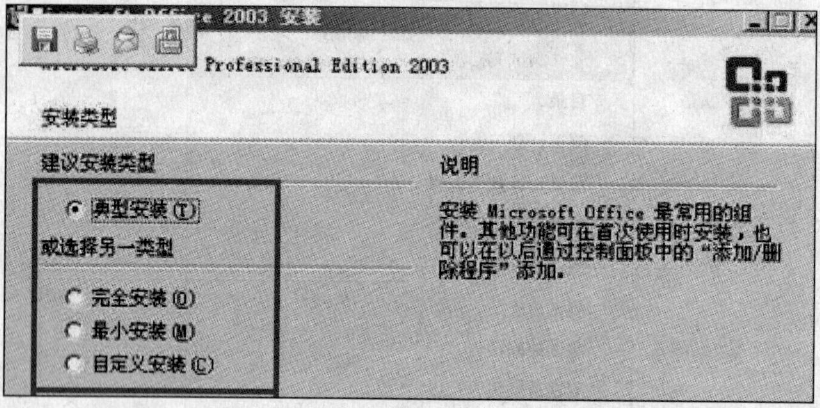

图1—13　典型安装

典型安装是一种非常重要的安装模式，在保证用户正常使用软件大部分常用功能的同时，为用户节约系统资源和空间。

（2）完全安装。完全安装是指安装软件所提供的所有产品的功能组件。由于软件提供的组件较多，而一般用户往往经常使用的组件有限，因此该种安装方式通常是针对高级用户的一种安装方式。

例如：在最新的 MS Office2007 软件安装过程中，如果选择完全安装方式，不仅会涉及所有 Office 组件，安装文件容量会大大增加，同时也会影响提供相关微软产品的兼容的连接软件支持，对整个系统的性能也有一定的影响。

（3）最小化安装。相对于其他安装方式，最小化安装所占用的硬盘空间最小，通常是为了满足不同层次的用户对软件应用的基本需求而提供的一种安装模式。

（4）自定义安装。自定义安装主要是针对部分特别用户的需求，提供选择性的组件安装，使用这种安装方式需要对相关软件及自身需求有较深入的了解和认识，要能根据自身需求选择相关的组件，否则选择组件不当会对软件性能的发挥和自身的使用造成影响。

（5）网络安装。网络安装与传统安装方式的主要区别在于，传统的安装方式需要用户将安装文件通过拷贝、下载等方式存入计算机的物理驱动器（包括 U 盘、光盘、硬盘等），再执行安装文件进行安装。而网络安装是通过互联网络直接在线安装软件产品，其特点在于安装简洁、方便，节省硬盘空间和系统资源。

（6）版本升级安装。升级安装是当前产品更新的重要渠道之一，随着软件产品的不断发展，产品更新也越来越频繁，升级安装能够及时有效地解决该类问题。

例如：杀毒软件的升级安装必须及时、快速，才能保证计算机的安全性。

（7）修复安装。修复安装通常指安装之前没有安装的组件、卸载不需要的组件或修复某些出现问题的组件，同时不影响软件产品的应用。

例如：MS Office 办公软件默认安装五个组件，其中的 Project 等组件就可以通过修复安装进行修复，如图 1—14 所示。

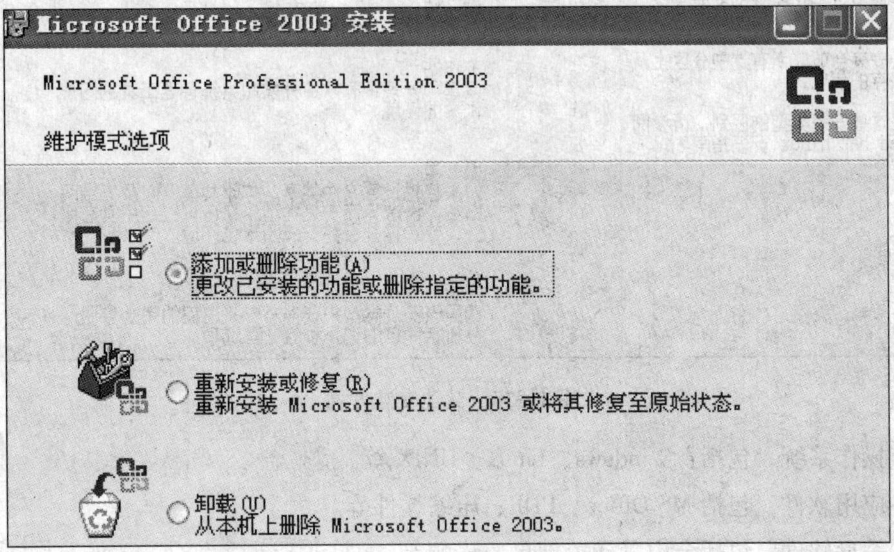

图 1—14　修复安装

（8）卸载。卸载将把产品彻底删除，检查安装软件的目录、系统工具栏和开始菜单中的列表是否完全删除，用户创建的数据是否还保留，是否需要重新启动等。

（9）自动安装。自动安装是最便捷的安装方式之一，现在越来越多的软件产品都开始提供这种安装方式。

（10）其他安装方式。如图 1—15 所示是红帽操作系统安装界面，从图中可以看出，产品不仅提供个人版、工作站版、服务器版，同时还提供定制安装功能。

2. 安装的平台和环境

（1）硬件环境。在进行安装测试过程中，硬件环境是非常重要的，主要从以下几方面考虑：

1）软件在安装过程中的最低配置环境要求，包括：CPU、内存、硬盘、主板芯片、显卡、声卡、网卡等。

2）其他硬件设备的支持，包括：打印机、扫描仪、手写笔、读卡器接口等。

（2）软件环境。软件环境主要从以下几方面考虑：

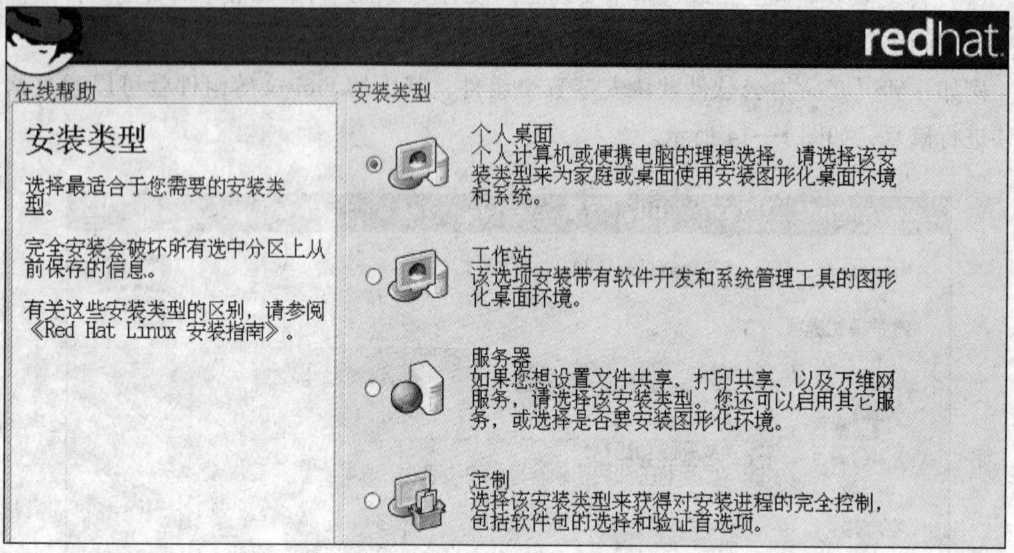

图 1—15　其他安装方式

1）操作系统，包括：Windows、Linux、UNIX 等。

2）应用软件，包括 MS Office、PDF、压缩软件等。

3）杀毒软件，包括金山毒霸、瑞星、诺顿等。

4）语言，包括简体中文、繁体中文、英文、日文等。

5）数据库，包括：SQL Server、Oracle、Access 等。

3. 安装测试中的异常

在产品安装测试过程中，即使在安装前已经进行了非常充分的准备，仍然不能保证产品在安装时不出现错误，以下列出安装过程中常见的异常情况：

（1）安装过程中长时间不响应。

（2）安装过程中停电。

（3）网络安装过程中网线突然断开或网络传输中断。

（4）安装软件时磁盘空间太小。

（5）安装时，杀毒软件给出警告，甚至不允许安装。

（6）在 IE 安装时，安全级别限制问题。

（7）安装时的序列号。

（8）出现软件间、端口间的冲突。

（9）其他软件安装过程中的异常情况。

以上常见异常通常通过重启计算机、查看网络设置、查看杀毒软件对端口的设置、IE

安全级别设置等方法进行排除。

4. 安装的配置测试

配置测试主要分为硬件和软件两部分，很多软件产品都有最低安装配置环境要求，所以配置测试是一项重要的测试。

（1）硬件配置主要包括以下几部分：

1）CPU 的最低要求。

2）内存的最低要求。

3）硬盘的最小空间。

4）显卡的最低配置。

5）IE 分辨率等。

6）网卡带宽的大小。

（2）软件配置主要包括以下几部分：

1）操作系统的最低要求。

2）是否支持跨平台安装。

3）如果是 Web 应用，IE 或其他浏览器的最低版本。

4）其他相关的配置软件。

5. 安装的界面测试

安装界面的测试主要从用户使用的角度进行，由于安装过程是用户首次使用软件，界面的友好性、简洁性将帮助用户完成产品的首次体验，所以在安装界面的测试过程中将以下几方面作为重点：

（1）产品的颜色、图片。

（2）安装过程中文字提示的友好性。

（3）安装界面的排版、文字大小、格式。

（4）产品的 Logo。

（5）安装界面的一致性、易用性等。

6. 其他安装测试的注意事项

（1）恢复测试。许多基于计算机的系统必须在限定的时间内从失效状态中恢复过来，然后继续运行。在一般情况下，一个系统必须是可以容错的，这就是说，运行过程中的错误不能使整个系统的功能都停止。在某些情况下，一个系统错误必须在一个特定的时间段内改正，否则就会造成严重的损失。

恢复测试主要检查系统的容错能力。例如，当系统出错时，能否在指定时间间隔内修正错误并重新启动系统。恢复测试首先要通过各种手段，让软件强制性地发生故障，然后验证系统是否能尽快恢复。对于自动恢复，需验证重新初始化、检查点、数据恢复和重新启动等机制的正确性；对于人工干预的恢复系统，还需估测平均修复时间，确定其是否在可接受的范围内。

（2）在虚拟机上测试。由于跨平台安装是未来软件推广的一个重要方式，通过在虚拟机中模拟不同操作系统环境进行测试，可帮助用户节省安装多个系统环境的时间，同时也可达到安装测试的效果。

二、兼容性测试

随着软件产品的广泛应用，软硬件的兼容性越来越受到用户的关注，因此在设计开发软件产品的过程中，必须把软件在市场中常用的运行环境中进行测试，主要包括以下两方面。

1. 硬件兼容性测试

所有软件都需向用户说明其运行的硬件环境，对于多层结构的软件系统来说，需要分别说明其服务器端、客户端以及网络所需的环境。兼容性测试的目的就是确认这些对于硬件环境的描述是否正确合理。硬件兼容性测试需确认以下几点：

（1）最低配置是否能够满足系统运行的需要。在最低配置下，所有的软件功能必须能够完整地实现，软件运行速度、响应时间应在用户能够接受的范围内。

（2）在推荐配置下系统的响应速度。应当注意的是，推荐配置必须合理，一味地追求高配置，一方面可能掩盖软件的性能缺陷，另一方面限制了软件的应用范围，也是不合理的。

（3）考察软件对运行硬件环境有无特殊说明，如对 CPU、网卡、声卡、显卡型号等有无特别声明。有些软件可能在不同的硬件环境中出现不同的运行结果或是在某些环境下根本就不能执行，如操作系统或数据库软件能否支持多个 CPU 协同工作，对内存的多少是否过于敏感等。

（4）为了满足不同的应用需求，软件系统能否运行在多种硬件配置环境下，并且系统功能和性能都能满足设计要求。

（5）其他外部设备的兼容性。如：打印机、扫描仪等。

2. 软件兼容性测试

由于软件开发技术的限制以及各种操作系统之间存在着巨大的差异，目前大多数商业软件并不能达到理想的平台无关性。如果软件承诺可以在多种操作系统上运行，那么还需要测试它与各操作系统的兼容性。对于多层体系结构的软件，要分别考虑前端操作系统和后端数据库的可选择性。

（1）前端操行系统平台兼容性测试要点：

1）Windows 平台。

2）Linux 平台。

3）UNIX 平台。

4）Macintosh 平台。

（2）后端数据库的兼容性测试要点：

1）完整性测试。检查原数据库中各种对象是否全部移入新数据库，同时比较数据表中数据内容是否相同。

2）应用系统测试。模拟普通用户操作应用的过程，对应用进行操作并检查运行结果，从以往的测试经验来看，如果开发中使用了存储过程，那么在数据库移植时最容易出现问题。

3）性能测试。上述两项测试通过后，针对服务器、数据库进行性能测试，并与在原数据库下记录的性能基准数据进行比照，找出性能方面的问题，并有针对性地进行性能优化。

以上讨论的是操作系统和数据库软件兼容性问题，这类兼容性测试的内容不包括：与中间件的兼容性、与浏览器的兼容性及与其他软件的兼容性等。

除以上介绍的兼容性问题外，在实际应用过程中还会碰到一些特殊的现象，主要包括：软件运行在不同的杀毒软件环境下出现的问题；软件在不同的浏览器下的显示问题。

三、基于 Web 的应用测试

Yogesh Deshpande 和 Steve Hansen 在 1998 年提出了 Web 工程的概念，Web 工程作为一门新兴的学科，提倡使用一个过程和系统的方法来开发高质量的基于 Web 的系统。它“使用合理的、科学的工程和管理原则，用严密的和系统的方法来开发、发布和维护基于 Web 的系统”。

1. Web 测试的层次

本节介绍的 Web 系统指以 Browser/Server 的访问方式为主，包含客户端浏览器、Web 应用服务器、数据库服务器的软件系统。首先从技术实现上来讲，一般的 B/S 结构，无论是 .NET 还是 J2EE，都是多层构架，有界面层、业务逻辑层、数据层；其次，从结构上来讲，分为客户端部分、传输网络部分和服务器端部分。

一个典型的 Web 系统的结构示意图如图 1—16 所示。

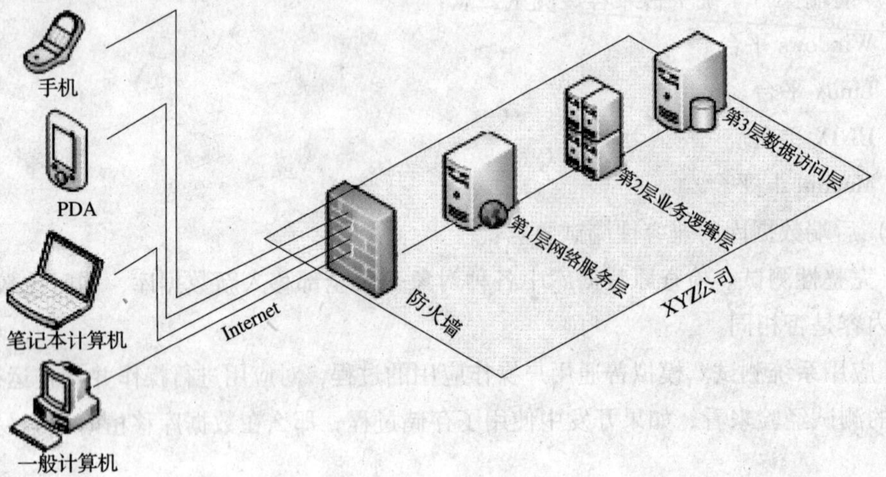

图 1—16　Web 系统结构

Web 开发的三层结构详见表 1—3。

表 1—3　因特网应用系统说明

层	说明
表示层	也称为 UI，即展现给用户查看的界面
业务逻辑层	主要是对数据业务逻辑的处理
数据访问层	用于交互存储数据内容

针对 Web 系统的构成和 Web 系统的特点，要对 Web 系统进行全方位的测试。

（1）Web 表示层测试。这个层次为 Web 站点提供了最直接易用的界面，因此发现并纠正本层中的错误对于建立一个完善的、高质量的 Web 站点至关重要。简而言之，表示层测试繁杂而具体，是一项劳动密集型的工作。下面列举了表示层测试中的三个主要内容：

1）内容测试。内容测试包括检查 Web 站点的人机界面元素，包括字体类型、屏幕布局、色彩、图形分辨率及其他直接会影响最终用户体验的特性，此外，还要检查 Web 站点中信息的准确性。

2）Web 站点结构。通过浏览来发现过程和结构上存在的错误来测试 Web 站点的结构，如：无效的链接、丢失的网页、错误的文件或其他任何将用户引到站点中错误区域的问题。

3）用户环境。Web 应用高度依赖客户端的脚本处理，而用户的使用环境复杂多变，因此用户环境测试十分重要而且复杂。

（2）Web 业务逻辑层测试。Web 业务逻辑层测试的重点是发现因特网应用软件的业务逻辑中的错误，在测试实施过程中会发现测试业务逻辑层与测试单机程序非常类似，因为黑盒测试和白盒测试技术都将使用到，因此需要制订测试计划和设计测试用例，用来发现 Web 系统中性能需求、数据获取和事务处理中的错误。

对于内部开发的软件产品，可以深入到程序逻辑结构中去，因此可以考虑使用白盒测试方法；而在 Web 业务逻辑层中，使用黑盒测试技术能更快的定位缺陷。在对业务逻辑层进行系统测试时，需要模拟用户使用该产品的步骤。例如：针对某电子商务网站进行测试，可能需要建立一个测试驱动器来搜索目录、装入购物车和结账。

（3）Web 数据访问层测试。数据层的测试，主要是指应用软件储存和获取数据库信息的测试。规模较小的网站可能以文本文件来储存数据，但规模较大、较为复杂的网站通常会使用功能完善的企业级数据库。

此外数据层测试还应测试系统的安全性和运行环境等。

2. Web 服务器测试

在典型 Web 开发的 B/S 三层结构中，应用服务器的测试尤其重要，根据配置好的服务器进行性能、压力和调优测试。

常用的 Web 服务器类型有 Apache，Tomcat，IIS，JBoss，Weblogic，Websphere 等。

表 1—4 和表 1—5 分别列出了 IIS 和 Apache 两类常见的 Web 服务器的监控指标。

（1）Apache（见表 1—4）

表 1—4　　Apache 资源监控指标

度量	描述
#Busy Servers	处理繁忙状态的服务器数
#Idle Servers	处理空闲状态的服务器数
ApacheCPU usage	Apache 服务器利用 CPU 的时间百分比
Hits/sec	HTTP 请求速率
Kbytes Sent/sec	从 Web 服务器发送数据字节的速率

（2）IIS（见表 1—5）

表 1—5　　IIS 资源监控指标

对象	度量	描述
Web Service	Bytes Sent/sec	Web Service 发送数据字节的速率
Web Service	Bytes Received/sec	Web Service 接收数据字节的速率

续表

对象	度量	描述
Web Service	Get Request/sec	使用 GET 方法进行 HTTP 请求的速率，尽管 GET 请求可以用于窗体，但通常用于基本文件检索或图像映射
Web Service	Post Request/sec	使用 POST 方法进行 HTTP 请求的速率，POST 请求通常用于窗体或网关请求
Web Service	Maximum Connections	同时与 Web Service 建立的最大连接数
Web Service	Current NonAnonymous Users	当前与 Web Service 建立的连接数
Web Service	Not Found Errors/sec	当前使用 Web Service 非匿名连接的用户数
Web Service	Not Found Error/sec	由于找不到请求的文档，服务器不能满足请求而出现的错误率，这些通常作为 HTTP404 错误代码报告到客户端
Process	Private Bytes	已经由进程分配但无法与其他进程共享的当前字节数

3. Web 安全性测试

随着 Internet 的普及及其应用领域的拓展，网上购物、网上交易、电子银行等新的交易方式走进人们的生活，在这些应用中，通常要使用 Web 页面来传送一些重要的信息，如信用卡信息、用户资料信息等，一旦这些信息被别有用心的人获取，后果将不堪设想。因此测试 Web 系统的安全性是十分重要和必要的。Web 的安全性测试，通常应包括以下内容：

（1）数据加密。指在 Internet 数据传输过程中，原始数据或未加密的数据必须通过加密算法对其进行加密后才能进行传输，其目的是保护这些信息，防止其被破坏和盗取。例如：信用卡信息、账户密码信息等在传输的过程中都应进行加密处理。

（2）登录。一般的 Web 站点都会使用登录或者注册后使用的方式，因此，必须对用户名和匹配的密码进行校验，以阻止非法用户登录。在进行登录测试的时候，需要考虑输入的密码是否对大小写敏感，是否有长度和条件限制，最多可以尝试多少次登录，哪些页面或者文件需要登录后才能访问/下载等。

（3）超时限制。Web 应用系统应有是否超时的限制，当用户长时间不作任何操作的时候，需要重新登录才能使用其功能。

（4）SSL。现在有很多站点开始使用 SSL 安全协议进行传送。SSL 是 Security Socket Layer（安全套接字协议层）的缩写，是由 Netscape 首先发明的网络数据安全传输协议。SSL 是利用非对称的加密技术（RSA），在应用层和传输层之间，建立用户与服务器之间的加密通信，确保所传递信息的安全性。SSL 是工作在公共密钥和私有密钥基础上的，任何用户都可以获得公共密钥来加密数据，但解密数据必须要通过相应的私人密钥。进入一个 SSL 站点后，可以看到浏览器出现警告信息，然后地址栏的 http 变成 https，在做 SSL 测试的时候，需要确认这些特点，以及是否有时间连接限制等一系列相关的安全保护。

（5）服务器脚本语言。脚本语言经常会造成一些最常见的安全隐患，如有些脚本语言允许访问根目录，经验丰富的黑客可以通过这些缺陷来攻击和使用服务器系统，因此，脚本语言的安全性在测试过程中也必须被考虑到。

（6）日志文件。在服务器上，要验证服务器的日志是否正常工作，例如 CPU 的占用率是否很高、是否有例外的进程占用、所有的事务处理是否被记录等。

（7）目录。在测试中也应注意 Web 的目录安全。如果 Web 程序或 Web 服务器处理不适当，通过简单的 URL 替换和推测，会将整个 Web 目录完全暴露给用户，这样会造成很大的风险和安全性隐患。可以严格设定 Web 服务器的目录访问权限，将这个隐患降低到最低程度。

4. Web 负载测试

负载测试的作用就是在软件投入使用以前或软件负载达到极限以前，通过执行可重复的负载测试，预先分析出软件可承受的并发用户极限值和性能瓶颈，以便优化程序。Web 的负载测试是获得 Web 站点、程序性能、可靠性、稳定性等信息的重要手段。Web 的负载测试一般使用自动化工具来实现。

连接速度测试主要测试页面响应时间的快慢、超时限制以及网络速度对连接速度的影响。

四、需求测试

在项目开发的早期，软件测试通常都是在项目快完成时才进行，导致后期缺陷修复的成本非常高昂，因此软件测试应该越早进行越好，而整个项目的初期对软件需求说明书和概要设计说明书的测试是最为关键的，接下来将针对这两个阶段的测试进行详细阐述。

1. 软件需求说明书框架及测试

软件需求说明书是分析任务的最终产物，通过建立完整的信息描述、详细的功能和行为描述、性能需求和设计约束的说明、合适的验收标准，给出对目标软件的各种需求，表 1—6 列出了需求说明书的框架。

表 1—6　　需求说明书的框架

引言	（1）系统参考文献 （2）整体描述 （3）软件项目约束
信息描述	（1）信息内容表示 （2）信息流表示（包括数据流、控制流）
功能描述	（1）功能划分 （2）功能描述（包括处理说明、限制/局限、性能需求、设计约束和支撑图） （3）控制描述（包括控制规格说明和设计约束）
行为描述	（1）系统状态 （2）事件和响应
检验标准	（1）性能范围 （2）测试种类 （3）期望的软件响应 （4）特殊的考虑
参考书目	—
附录	—

（1）需求说明书评测内容。需求说明书的评测作为需求分析阶段工作的复查手段，应该对功能的正确性、完整性和清晰性，以及其他需求给予评测。评测的主要内容是：

1）系统定义的目标是否与用户的要求一致。

2）系统需求分析阶段提供的文档资料是否齐全。

3）文档中的所有描述是否完整、清晰、准确地反映了用户要求。

4）与所有其他系统成分的重要接口是否都已经描述。

5）被开发项目的数据流与数据结构是否足够、确定。

6）所有图表是否清楚，在没有补充说明的情况下用户能否理解。

7）主要功能是否已包括在规定的软件范围之内，是否都已充分说明。

8）软件的行为和它必须处理的信息、必须完成的功能是否一致。

9）设计的约束条件或限制条件是否符合实际。

10）是否考虑了开发的技术风险。

11）是否考虑过软件需求的其他方案。

12）是否考虑过将来可能会提出的软件需求。

13）是否详细制定了检验标准，它们能否对系统定义是否成功进行确认。

14）有没有遗漏、重复或不一致的地方。

15）用户是否审查了初步的用户手册或原型。

16）项目开发计划中的估算是否受到影响。

（2）需求说明书评测参照表。为保证软件需求定义的质量，评测应由专门指定的人员负责，并按规程严格进行；评审结束均有评审的相关负责人给出结论意见和签名。

表1—7是需求说明书评审规范。其中：Y表示“是”，N表示“否”，NA表示“不适用”，B表示“不确定”。

表1—7　　需求说明书评审规范

类型	评测项	评测结果（Y/N/NA/B）
清晰性	1）系统的目标是否定义 2）是否对关键术语和缩略语进行定义和描述 3）所使用的术语是否与用户/客户一致 4）需求的描述是否清晰，不含糊 5）是否有对整套系统进行功能概述 6）是否已详细说明了软件环境和硬件环境 7）如果有会影响实施的假设情况，是否声明 8）是否已经对每个业务逻辑进行输入、输出以及过程的详细说明	
完整性	1）是否列出了系统所必需的依赖、假设以及约束 2）是否对每个提交产品或阶段实施都进行了需求说明 3）需求说明书是否已包括了主要的质量属性，例如：有效性、高效性、灵活性、完整性、互操作性、可靠性、健壮性、可用性、可维护性、可移植性、可重用性和可测试性	
依从性	该文档是否遵守了该项目的文档编写标准	
一致性	1）需求说明是否存在直接相互矛盾的条目 2）需求说明书是否与相关需求素材一致	
可行性	1）所描述的所有功能是否必要并充分地满足客户/系统目标 2）需求说明书描述的详细程度是否足以进行详细的设计 3）已知的限制是否已经详细说明 4）是否已确定每个需求的优先级别	
可管理性	1）是否将需求分别陈述，因此它们是独立的并且是可检查的 2）是否所有需求都可以回溯到相应的需求素材，反之亦然 3）是否已详细说明需求变更的过程	

2. 概要设计说明书框架及测试

软件设计的最终目标是要取得最佳方案。“最佳”是指在所有候选方案中，就节省开发费用，降低资源消耗，缩短开发时间的条件，选择能够赢得较高的生产率、较高的可靠性和可维护性的方案。在整个设计的过程中，各个时期的设计结果需要经过一系列设计质量的测评，以便及时发现和解决在软件设计中出现的问题，防止把问题遗留到开发的后期，造成大的损失。表1—8列出了软件设计规格说明大纲。

表1—8　　软件设计规格说明大纲

项目	说明
工作范围	（1）系统目标 （2）运行环境 （3）主要软件需求 （4）设计约束/限制
体系结构设计	（1）数据流与控制流复审 （2）导出的程序结构 （3）功能与程序交叉索引
数据设计	（1）数据对象与形成的数据结构 （2）文件和数据库结构（包括文件的逻辑结构、文件逻辑记录描述和访问方式） （3）全局数据 （4）文件/数据与程序交叉索引
接口设计	（1）人机界面规格说明 （2）人机界面设计规则 （3）外部接口设计（包括外部数据接口、外部系统或设备接口） （4）内部接口设计
每个模块的过程设计	（1）处理与算法描述 （2）接口描述 （3）设计语言 （4）使用的模块 （5）内部程序逻辑描述 （6）注释/约束/限制
运行设计	（1）运行模块组合 （2）运行控制规则 （3）运行时间安排

续表

项目	说明
出错处理设计	（1）出错处理信息 （2）出错处理对策（包括设置后备、性能降级、恢复和再启动）
安全保密设计	—
需求/设计交叉索引	—
测试部分	（1）测试方针 （2）集成策略 （3）特殊考虑
特殊注解	—
附录	—

（1）概要设计说明书评测的内容

1）可追溯性：分析该软件的系统结构、子系统结构，确认该软件设计是否覆盖了所有已确定的软件需求，软件每一部分是否可追溯到其所对应的需求。

2）接口：分析软件各部分之间的联系，确认该软件的内部接口与外部接口是否已明确定义；模块是否满足高内聚和低耦合的要求。模块作用范围是否在其控制范围之内。

3）风险：确认该软件设计在现有技术条件下和预算范围内是否能按时实施。

4）实用性：确认该软件设计对于需求的解决方案是否实用。

5）技术清晰度：确认该软件设计是否以一种易于翻译成代码的形式表达。

6）可维护性：从软件维护的角度出发，确认该软件设计是否考虑了方便未来的维护。

7）质量：确认该软件设计是否表现出良好的质量特征。

8）各种选择方案：看是否考虑过其他方案，比较各种选择方案的标准是什么。

9）限制：评估对该软件的限制是否现实，是否与需求一致。

其他具体问题：对于文档、可测试性、设计过程等进行评估。

（2）概要设计评测参照表。根据上述讨论的评测内容以及评测标准，可以建立概要设计说明书评测规范，见表1—9。

表1—9　　概要设计说明书评测规范

类型	评测项	评测结果（Y/N/NA/B）
清晰性	1）是否清楚地表达了所设计的架构，包括数据流、控制流和接口 2）是否在文档中清晰地记录了所有的假设、约束、策略及依赖 3）是否定义了总体设计目标	

续表

类型	评测项	评测结果（Y/N/NA/B）
完整性	1）是否所有的待确定项都已经被解决了 2）是否已经设计可以支持本文档中遗留的待确定项 3）所有待确定项的影响是否都已进行了评估 4）是否仍存在不可行的设计部分 5）设计时的权衡考虑是否已记录，该文件是否包括了权衡选择的标准和不选择其他方案的原因	
依从性	是否遵守了项目的文档编写标准	
一致性	1）数据元素、流程、对象的命名和使用在整套系统和外部接口之间是否一致 2）该设计是否反映了实际操作环境	
可行性	1）从进度、预算和技术角度上看该设计是否可行 2）是否存在错误的、不完整的逻辑	
数据使用	1）所有复合数据元素、参数以及对象的概念是否都已文档化 2）是否还有任何需要的，但还没有定义的数据结构，反之亦然 3）是否已描述最低级别数据元素，并详细说明取值范围	
功能性	1）是否对每一个下级模块进行了概要算法说明 2）所选择的设计和算法能否满足所有的需求	
接口	1）操作界面的设计是否有为用户考虑 2）是否已描述界面的功能特性 3）界面是否有利于问题的解决 4）各模块界面风格是否保持一致 5）是否所有的界面都提供了所要求的信息 6）是否已说明内部各界面之间的关系 7）界面的数量和复杂程度是否已减到最小	
可维护性	1）该设计是否是模块化的 2）这些模块是否具有高内聚和低耦合度 3）主要性能参数是否已详细说明	
可靠性	1）该设计是否能够提供错误检测和恢复 2）是否已考虑非正常情况 3）是否所有的错误情况都被完整并准确地说明 4）该设计是否满足系统进行集成时所遵守的约定	

续表

类型	评测项	评测结果（Y/N/NA/B）
易测性	1）是否能够对该套系统进行测试、演示、分析或检查来说明它是满足需求的 2）该套系统是否能用增量型的方法来集成和测试	
可追溯性	1）各部分的设计是否都能追溯到需求说明书的需求 2）所有的设计决策是否都能追溯到原来确定的权衡因素 3）继承设计的已知风险是否已确定和分析	

五、文档测试

通常一个完整的软件产品包含可运行的程序、数据和文档，文档是软件的一个重要的组成部分。在软件的整个生命周期中，会用到许多文档，在各个阶段中以文档作为前一阶段工作成果的体现和后一阶段工作的依据。在软件的开发过程中，软件开发人员需根据工作计划和需求说明书由粗而细地进行设计，这些需求说明书和设计说明书构成了开发文档。为了使用户了解软件的使用、操作和对软件进行维护，软件开发人员需要为用户提供详细的资料，这些资料称为用户文档。为了使管理人员及整个软件开发项目组了解软件开发项目安排、进度、资源使用和成果等，还需要制定和编写一些工作计划或工作报告，这些计划和报告构成了管理文档。

1. 软件文档的分类

软件文档的分类结构图如图 1—17 所示。

- 文档
  - 用户文档
    - 用户手册
    - 操作手册
    - 维护修改建议
  - 开发文档
    - 可行性研究报告
    - 软件需求说明书
    - 数据库设计说明书
    - 概要设计说明书
    - 详细设计说明书
  - 管理文档
    - 项目开发计划
    - 测试计划
    - 测试分析报告
    - 开发进度月报
    - 开发总结报告

图 1—17　软件的文档分类结构图

以下是图 1—17 文档分类结构图的具体说明：

（1）用户手册。详细描述软件的功能、性能和用户界面，使用户了解如何使用该软件。

（2）操作手册。为操作人员提供软件各种运行情况的有关知识，特别是操作方法的具体细节。

（3）维护修改建议。软件产品投入运行以后，发现需对其进行修复、更改等问题，应将存在的问题、修改的考虑以及修改的影响作详细的描述，写成维护修改建议，提交审批。

（4）可行性研究报告。说明该软件开发项目的实现，在技术上、经济上和社会因素上的可行性，评估为了合理地达到开发目标，可供选择的各种可能实施的方案，说明并论证所选定实施方案的理由。

（5）软件需求说明书。也称为软件规格说明书，其中对所开发软件的功能、性能、用户界面及运行环境等做出详细的说明。它是用户与开发人员双方在对软件需求取得共同理解的基础上达成的协议，也是实施开发工作的基础。

（6）数据库设计说明书。只对使用数据库的软件适用，该说明书应给出数据库的整体架构及各个数据表的逻辑关系。

（7）概要设计说明书。该说明书是概要设计阶段的工作成果，它应说明功能分配、模块划分、程序的总体结构、输入输出以及接口设计、运行设计、数据结构设计和出错处理设计等，为详细设计奠定基础。

（8）详细设计说明书。着重描述每一模块是如何实现的，包括实现算法、逻辑流程等。

（9）项目开发计划。为软件项目实施方案制订的具体计划，应该包括各部分工作的负责人员、开发进度、开发经费的预算、所需的硬件及软件资源等。项目开发计划应提供给管理部门，并作为开发阶段评审的参考。

（10）测试计划。计划应包括测试的内容、进度、条件、人员、测试用例、测试环境的选择原则、测试结果允许的偏差范围等。

（11）测试分析报告。测试工作完成以后，应提交测试计划执行情况的说明。对测试结果加以分析，并提出测试的结论意见。

（12）开发进度月报。该月报是软件人员按月向管理部门提交的项目进展情况报告。报告应包括进度计划与实际执行情况的比较、阶段成果、遇到的问题和解决的办法以及下个月的打算等。

（13）项目开发总结报告。软件项目开发完成以后，应与项目实施计划对照，总结实际执行的情况，如进度、成果、资源利用、成本和投入的人力。此外还需对开发工作作出评价，总结出经验和教训。

以上这些文档是在软件生存期中，随着各阶段工作的开展适时编制的，其中有的仅反映一个阶段的工作，有的则需跨越多个阶段。

2. 文档测试的对象和作用

（1）文档测试的内容。当用户文档仅包含一个 Readme 文件时，文档的测试只需要对其进行拼写检查，确认其中涉及的技术准确无误，最多对 Readme 文件进行病毒扫描，确保其不带病毒就足够了。但随着技术的进步和市场的规范，用户文档包含的范围越来越大，以下所列举的都可以算是用户文档，但并不是每一个软件都必须具有所有这些文档。

1）包装上的文字和图案。包括纸盒、包装纸或信封等，这些包装上可能含有软件的截图、特性清单、系统要求和版权信息等。

2）宣传材料、广告及其他插页。这些是软件开发者促进相关软件销售的重要工作，同时提供补充内容、其他软件介绍和服务联系方式等。虽然对于一些用户来说，可能会随手丢弃，但同样也有一些用户会严肃地对待它们，因此这些信息也必须正确。

3）授权/注册登记表。这是希望用户填写内容，注册软件并寄回的卡片，它同样作为软件的一部分，该表也可制作成电子文档，让用户在线阅读及注册。

4）最终用户许可协议。这是要求用户在使用软件前认可的一份法律文书，包括用户同意不得复制软件等内容。最终用户许可协议可能是打印在软盘或光盘的盒子上或信封上，也有可能是在安装过程中弹出一个窗口显示在屏幕上。

5）标签和不干胶条。这类文档可能是软盘或光盘上的标签，序列号、信封或光盘盒的封口标签等。它们出现在包装盒上、印刷的材料上，这上面的内容也是需要进行测试。

6）安装和设置向导。对于简单的软件来说，可能是包装上的一页纸，对于复杂软件来说，可能是完整的一本手册。

7）用户手册。由于电子手册的实用性和灵活性，纸介质的手册已大为减少。目前一些软件附带简明的“入门”类小册子，而详细信息往往采用电子文档。电子手册大都以光盘形式随软件销售，也有的在网站上供用户下载。

8）联机帮助。联机帮助与用户手册有时可以互换使用，甚至取代用户手册。由于联机帮助可以有索引和搜索功能，一些联机帮助允许模糊查询或多关键字查询，使用户能更为方便地查找所需信息。

9）指南、向导。这些工具已不仅仅是一页一页的文档，它们是文本内容和程序的结合，通常属于联机帮助的一部分。用户可以提出问题，然后向导将一步步引导用户完成任务。关于向导的例子可参考 Microsoft Office 的助手功能。

10）样例、示例和模板。字处理、网页制作等软件往往带有表单或样例，用户只需填写相应内容即可快速达到具有专业外观的效果。编译器可以用几段代码来演示如何使用编程语言的某些功能。财务软件可以通过模拟账套来解释软件的使用。

11）错误提示信息。这虽然是软件程序的一部分，但在程序测试中往往被忽略，而它们也是文档的一部分。

（2）文档测试的作用。对于软件测试人员来说，对待用户文档要像对待程序一样给予同等的关注和投入，因为对于用户来说，文档和程序同样重要；充分有效的文档有以下优点：

1）改善易安装性。用户需要将软件产品安装到自己的计算机上，他们可能需要做复制文件、配置数据库、输入初始参数、将以前的数据导入等大量工作。安装程序是最后编写的，而且一些人认为用户仅会安装程序一两次而已，因此开发人员可能不会像对待产品的其他部分一样认真对待它，因此安装程序得到的测试和开发支持也往往最少。然而，用户对产品的初次体验是从软件的安装开始的，如果在安装时遇到了困难，用户可能会对软件失去信心，或提出昂贵的技术支持要求，或直接放弃使用软件。清晰、正确的安装指南是产品文档中最为重要的部分之一。

2）提高软件的易用性。具备优良文档的产品更易于使用。文档编制得越好，用户对产品的理解就越快，操作中发生理解方面的错误就越少，效率就越高。高效的文档往往是面向任务的，它会估计用户意图，并说明如何完成各项任务。但这并不是说面向特征的用户手册就不好，面向特征的用户手册会独立地描述软件的功能特征，按菜单顺序，甚至按字母顺序逐个描述功能。不同的手册类型适用于不同的软件类型，一些软件会同时提供这两类手册。

3）改善软件可靠性。不清晰、不正确的文档会降低产品的可靠性，用户使用时容易出现操作上的错误。优秀的文档即使在程序设计得很糟糕的情况下，也能有助于减少用户犯错次数。

4）促进销路。高质量的文档常会被作为卖点，可以帮助销售人员说明和推荐产品。在很多软件评审中文档质量也是评分的重要依据。

5）降低技术支持的费用。由用户发现问题比在产品开发早期发现问题的修复费用要高出数数倍。好的文档能够通过恰当的解释引导用户自己解决问题，尽可能地避免用户拨打技术支持电话。如果用户文档描述了程序不具备的功能，开发商就是在作虚假的宣传；如果用户文档描述了实际上无法执行的操作，则开发商是在误导用户。不正确的指导会浪费用户不必要的时间和精力，也会给开发商增加法律上的风险。

3. 文档测试要点及注意事项

对于软件用户来说，程序之外的部分也是软件的一部分，用户并不管这些东西是由程序员、作家还是图表艺术家创建的，用户更关心的是整个软件包的质量。

文档测试中需要注意以下问题：

（1）文档常常得不到足够的重视，文档的开发常缺乏足够的资金和技术支持，而文档的测试更得不到重视。一个好的软件项目，一定要为文档测试留出预算，像对程序一样对文档给予关注。对文档中发现的缺陷，也需要像发现程序缺陷一样给出报告。

（2）编写文档的人可能并不是软件特性方面的专家，对软件功能可能了解的并不深入。其结果就是写出来的产品说明书可能并不到位，或者不能解释复杂的产品特性；软件文档测试人员可以与文档作者紧密合作，保证文档中所包含信息的质量，并随着产品的更新而更新。更重要的是，测试人员可以发现并指出程序中难以使用或难以理解之处，让文档作者在文档中做出更好的说明。

（3）由于文档的印刷需要花费一定的时间，可能是几周，如果追求印刷质量可能需要几个月。而在这段时间内，在软件中发现的错误会得到修改，程序很可能已经发生了改变，而文档无法反映最终的修改。为解决文档的时效性问题，人们发明了 Readme 文件，它将最后的改动通知用户。Readme 文件能使文档保持到最后一刻发布，从而保证与软件程序的同步；同时，随软件发布的联机帮助信息也可以尽可能地反映最新的修改。如果文档测试不够充分，大量的错误将不得不随着印刷精美的手册到达用户手中，而 Readme 文件就不是最新特性的发布而变为长长的勘误表。

（4）文档测试不仅仅是对文字的校对，更可以辅助找到更多的程序错误，文档编写人员与文档测试人员审视程序的角度与程序员和程序测试人员并不相同，因此由文档测试揭示的问题也不同于程序员和测试人员所发现的问题，文档测试往往会发现其他测试无法发现的严重错误，例如，功能实现错误、易用性不好、用户手册与程序实现不吻合等问题。当然，这是在全面测试的基础上，而全面测试意味着每测试 3 ~ 5 页用户手册要花费约 1 小时的时间。测试人员审看文档的速度越快，从文档和程序中发现问题的机会就越少。加强测试监督、重新培训测试人员甚至更换测试人员有助于提高文档测试的质量。

4. 文档测试实施

（1）用户文档测试的要点。文档测试分为两类，如果是非程序，例如打印的手册或产品的包装盒，其测试可以视为技术校对。如果文档和程序紧密结合，例如超链接形式的电子手册、联机帮助，或助手一类的帮助系统，就要进行与程序测试类似的测试。

无论是文档或是程序，作为文档测试人员，应该像最仔细的用户那样，认真阅读，跟随每个步骤，检查每个图形，尝试每个示例。只有这样，才能尽可能找出软件和文档中的缺陷。

文档测试中，对于以下几个方面需要特别关注：

1）读者群。文档面向的读者定位要明确。对于初级用户，可能需要从鼠标的用法、点击确定按钮等介绍；对于中级用户，重要界面的截图和关键步骤每一个参数的选择方法都需要介绍；对于高级用户，则没有必要给出太多的界面截图，但对重要参数的讲解一定要深入，用词要专业。特别是不论用户群定位如何，文档都不可以写成散文、诗歌，应注重简明、准确，因为编制文档的目的是要让用户看懂和理解。

2）术语。文档中用到的术语要适合于定位的读者群，用法一致，标准定义与业界规范相吻合。如果有索引或交叉引用，所有的术语都应能够进行索引和交叉引用。如果术语较多，在纸介质手册的末尾应给出术语索引；如果被测软件提供二次开发功能，有大量函数，则有必要编写独立的函数手册和开发指南。

3）正确性。这是非常重要的，会占用文档测试的大量时间和人力。测试中需检查所有信息是否真实正确，查找由于过期产品说明书和销售人员夸大事实而导致的错误。检查所有的目录、索引和章节引用是否已更新，尝试链接是否准确，产品支持电话、地址和邮政编码是否正确。

4）完整性。慢慢地仔细阅读文字，完全根据提示进行操作，不要作任何假设。对照软件界面检查是否有重要的分支甚至是整个大模块没有描述到，耐心补充遗漏的步骤。对于极其熟悉被测软件的人来说，这项测试相当困难，因为思路已固定地按照一定的流程去测试，极易忽略不常用的部分。因此，可以考虑让不是很熟悉被测软件的人员进行此项目的测试。

5）一致性。按照文档描述的操作执行后，检查软件返回的结果是否与文档描述相同。要留意软件界面上出现的版本号与手册、帮助上的信息是否一致。

6）易用性。纸介质文档可以通过目录、关键词索引提高用户使用的易用性。条理清晰、结构合理的文档是优质软件的一个显著特征。对关键步骤以粗体或背景色给用户以提示，合理的页面布局、适量的图表都可以为用户提供更好的易用性。在易用性方面，电子文档或帮助系统比纸介质有更大的优势。需要注意的是，文档要有助于用户排除错误，只描述正确操作而不描述错误处理办法的文档是不负责任的。对于用户看到的错误信息应当有更详细的文档解释，而且不应让用户花费过多的时间去寻找所需的信息。

7）图表与界面截图。检查所有图表与界面截图是否与发行版本相同，对于成熟的软件开发商来说，界面在设计阶段就应该基本确定，不应在软件开发后期有大的变动。而此项测试就是要发现在文档完成后是否有界面变动，确保屏幕截图源于发行版本。测试中还要注意图表标题的正确性。

8）样例和示例。像用户一样载入和使用样例。如果是一段程序，就输入数据并执行它，用每一个模板制作文件，确认它们的正确性。

9）语言。对于英文文档来说，经过拼写和语法检查器的检查，一般不会出现拼写和语法错误。对于中文文档来说，可以采用一些校对工具辅助人工检查，并进行细致专业的校对，避免出现错别字和有歧义的词句。特别应注意屏幕截图或绘制图形中的文字，这些内容只能通过人工检查。

10）印刷与包装。在文档印刷成册后，测试人员还需抽查印刷质量，看手册厚度与开本是否合适，翻看起来是否方便，包装盒的大小是否合适，光盘盒的固定有没有问题，有没有零碎易丢失的小部件等。如在此环节发现问题，如果不是很严重，已不可能在这个版本中进行改进，但对下一个版本的制作会有很大帮助。

（2）针对用户手册的测试。用户手册是用户文档中最重要的一部分，在对用户手册进行测试时，应拿着它坐在计算机前，进行如下操作：

1）准确地按照手册的描述使用程序，在每个例子中如实地进行每个键盘操作。同时因为用户在按照手册运行程序时可能会进行错误的操作，所以测试时测试人员也应测试更多具随意性的错误。测试人员应将大部分精力投入检查计算机对错误的处理和手册对错误的描述。

2）尝试每一条建议。即使建议并没有完全表达清楚，仍应按步骤去尝试；用户依照建议会做什么，测试人员就应当做什么，甚至应尝试更多的可能性。

3）检查每条陈述。测试人员需要对每条陈述进行检查，因为用户手册是产品最终的规范，是用户检查程序运行是否正确首先求证的地方。

4）查找容易误导用户的内容。有些示例和特征描述得并不准确，一般的读者可能会从中归纳出错误的结论。用户可能对程序的能力抱有过高的期望，或是凭空想象一些实际并不存在的约束条件。尽早标识出易被人误解的内容是非常重要的。

（3）针对在线帮助的测试。帮助文档的测试在很大程度上与用户手册测试相同，但帮助并不只是用户手册的电子版，应特别注意以下问题：

1）准确性。对帮助准确性检查的细致程度至少要接近于对用户手册的检查，通常帮助文本都没有得到良好的处理和充分测试，一旦用户发现帮助中存在明显的错误，对帮助系统的信任程度会大大降低。

2）帮助分为文档和程序两部分。不仅要检查文本的准确性，还要检查程序的可靠性。

3）帮助索引。如果帮助系统包含了索引或主题列目，允许用户由索引进入到主题中，测试人员必须逐条进行检查。

4）超链接。除非是早期开发的软件或开发商对帮助过于不重视，超链接是在线帮助中必备的功能。测试人员必须测试每个链接，复杂的超链接可能会对一个主题形成树状结构，甚至构成网状结构。测试人员有义务检查每条分支。

5）链接的意义。索引和链接的条目应当是有意义的，测试人员需要注意是否有一些帮助主题未出现在索引里，或出现的名称不恰当。应保证用户能迅速找到所需的信息。

6）帮助的风格。很少会有用户能悠闲地查看帮助，帮助的阅读者是带着问题、焦躁不安而且缺乏耐心的。帮助文本需要比用户手册更为简洁，风格也应更简单。良好的帮助系统应该是面向任务或面向操作的，它必须提供一些有意义的信息，让用户能立即开始或继续他的操作。任何在帮助中出现的令人迷惑或离题的内容都可以作为测试问题。

第3节　白盒测试及用例设计

白盒测试通常又称为结构测试或逻辑测试，前提是了解被测软件产品的内部设计结构，并按照软件需求、概要设计、详细设计说明书的要求，检查程序中每条路径是否能够按期望的结果正常工作。

白盒测试方法又可分为静态测试和动态测试。

一、静态测试与动态测试

1. 静态测试

（1）静态测试的方法。静态测试通常不需要执行被测代码，主要是对软件代码的格式、语法、过程、接口、代码编写规范以及程序员自定义的代码规则进行代码的测试，早期主要靠人工检查，主要通过如下方法：

1）代码检查。代码检查主要通过对软件代码进行走查、同行评审的方式进行，主要检查代码是否与程序设计保持一致，程序员的代码是否符合标准规范，代码的语法、逻辑是否正确，关键代码是否添加注释，代码有没有不安全、不明确的部分，代码结构是否采用了面向对象的方法，对公共类、公共变量、私有变量及变量类型的审查等。

2）静态结构分析。主要通过业务流程的方式展现程序的内部逻辑结构，如类与对象之间的关系，源程序结构分析，流程图分析，不匹配的参数，定义的变量冗余，空指针引用等。

随着软件技术的深入发展和对传统手工测试的总结分析，越来越多的静态测试开始借助专用的软件测试工具，检查软件程序的逻辑结构、语法规范等，当前市场静态自动化测试工具主要有.NET 方向的 FxCop，JAVA 方向的 Checkstyle，本教材主要介绍 FxCop 静态测试工具。

（2）静态测试的常见问题。通过静态测试能够检查以下常见问题：

1）未定义、未使用的变量。

2）语法错误、变量定义不匹配。

3）不执行的代码。

4）检查程序内部的一致性、规范性、代码风格是否符合相关规范。

2. 动态测试

动态测试方法主要是通过运行被测试程序的部分或全部代码，通过设计测试用例、观察程序处理的实际结果与预期结果是否一致，同时对一些边界值、异常结果进行处理。

动态测试主要包括软件功能测试、接口分析、代码覆盖率分析、性能分析、内存分析等。

（1）功能测试。通过设计白盒测试用例，设计一组输入数据，对被测软件各个模块和单元进行分析，检查输出结果是否与期望的结果相符，对错误的处理方式、重要的功能进行详细测试。

（2）接口分析。通过被测程序调用其他单元的接口，检查局部数据的封装、模块接口的调用等是否正常。

（3）代码覆盖率分析。对代码的执行路径覆盖范围进行评估，通过语句覆盖、条件覆盖、条件/判定覆盖、基本路径覆盖等方法设计白盒测试用例。

（4）性能分析。软件运行缓慢是程序中常见的重要问题，这类问题程序员很难发现，但会使用户大大降低对软件产品的认可度，因此查找软件性能瓶颈是测试的关键内容之一。性能分析由于无法通过手工测试进行捕捉，因此主要借助一些性能自动化测试工具进行，例如：常见的性能测试工具 LoadRunner、QALoad、WEAS、Jmeter 等。

（5）内存分析。软件在长时间运行时容易导致产品的崩溃，这对于嵌入式系统这种资源比较匮乏、应用较为广泛且处理环境重要的软件，将可能导致无法预料的错误，造成非常大的损失；通过对内存使用的分析，可掌握内存分配和使用的状态，及时发现内存使用的不正常，并最终分析定位产生错误的原因。

二、白盒测试策略

单元测试作为白盒测试的实施方法之一，同时也是整个软件测试最早实施的测试过程，是软件开发过程中重要的质量保证。单元测试的质量将在很大程度上影响产品的最终质量，因此设计单元测试用例是用来证明一个独立的单元是否实现了单元设计说明书中要求的必要手段，同时通过以下策略将进一步保证被测软件产品的质量。

1. 静态分析

通常由测试小组进行，静态分析常需要辅助工具支持，通过提取代码信息，进行质量评估。

2. 代码评审

主要在编码的初期使用，通过逐行阅读检查源代码是否符合编码标准。

3. 同行评审

同行评审源自 CMMI 中的关键过程域之一，同行评审通常由项目的开发人员、测试人员共同参与对源代码进行评审，评审主要参照相关代码规范实施。

4. 代码走查

一般由测试小组或公司专门的代码走查小组进行代码走查，需要开发人员提供项目源代码及相关资料文档给检查人员，代码走查通常不允许创建者参与，为了节约成本，可以考虑在项目小组之间进行交叉走查。

三、覆盖测试用例设计

白盒测试主要是检查程序的内部结构、逻辑、循环和路径，根据覆盖测试的目标不同，逻辑覆盖又可分为：语句覆盖、判定覆盖、判定/条件覆盖、条件组合覆盖及路径覆盖。

如图 1—18 所示是程序模块结构，该程序模块有四条不同的路径、四个可执行语句。这四条路径可分别表示为：

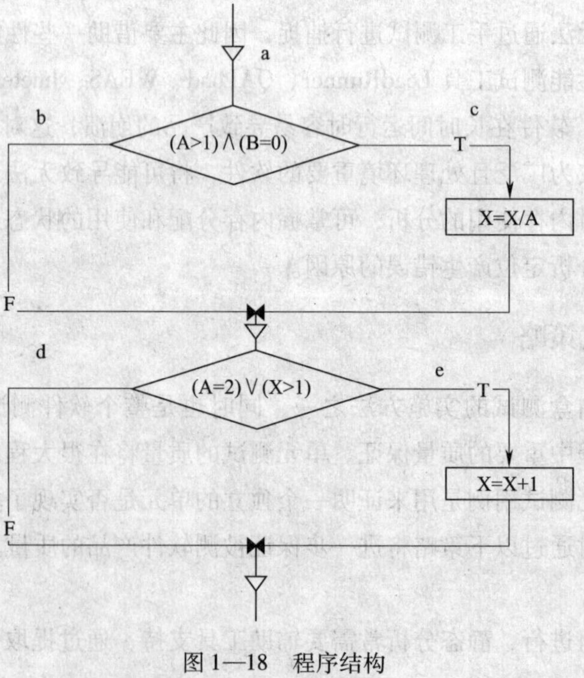

图 1—18　程序结构

L1（a→c→e），简化为：ace

L2（a→b→d），简化为：abd

L3（a→b→e），简化为：abe

L4（a→c→d），简化为：acd

四条路径应该满足的逻辑表达式分别为：

记 M = {（A > 1） and （B = 0）}；N = {（A = 2） or （X/A > 1）}

L1（a→c→e） = M and N

L2（a→b→d） = /M and/N

L3（a→b→e） = /M and N

L4（a→c→d） = M and/N

其中："∧"表示 and，"∨"表示 or，"/M"表示 M 的反，"/N"表示 N 的反，或者将四条路径应该满足的逻辑表达式表示为：

L1（a→c→e） = {（A > 1） and （B = 0）} and {（A > 2） or （X/A > 1）}

L2（a→b→d） = $\overline{\{(A>1) \text{ and } (B=0)\}}$ and $\overline{\{(A=2) \text{ or } (X>1)\}}$

L3（a→b→e） = $\overline{\{(A>1) \text{ and } (B=0)\}}$ and {（A = 2） or （X > 1）}

L4（a→c→d） = {（A > 1） and （B = 0）} and {（A = 2） or （X/A > 1）}

其中，由符号 and 连接起来的语句，是为了遍历这条路径各个输入变量应取值的范围；而由 or 划分了几组可选的取值。可根据以上导出的逻辑表达式设计测试用例。

1. 语句覆盖

语句覆盖就是设计若干个测试用例，运行所测程序，使得每一条可执行语句至少执行一次。对上面的例子，所有的可执行语句都在路径 L1 上，所以选择路径 L1 来设计测试用例，就可覆盖所有的可执行语句。

（1）测试用例的设计格式

[输入的（A，B，X），输出的（A，B，X）]

为覆盖路径 L1，设计出满足语句覆盖的测试用例是：

[（2，0，4），（2，0，3）]，覆盖 L1

从每个执行语句都得到执行这一点看，语句覆盖的方法看似能够比较全面地检查每个执行语句，但实际上并非如此。

（2）语句覆盖的不足之处。假如该程序段中的两个逻辑运算有问题，例如，第一个判断中的逻辑运行符"∧"错误写成了"∨"，或者第二个判断中的逻辑运算符"∨"错写成"∧"，利用上面的测试用例，仍然可覆盖所有四个可执行语句。这说明虽然做到了语句覆盖测试，但可能发现不了判断时的逻辑运算中出现的错误。

因此，语句覆盖是最弱的逻辑准则。

2. 判断覆盖

判断覆盖就是设计若干个测试用例，运行所测试程序，使得程序中每个判断的 True 分支和 False 分支至少运行一次。判断覆盖又称为分支覆盖。

（1）根据定义，可分别选择路径 L1 和 L2 或路径 L3 和 L4 设计测试用例。

如果选择路径 L1 和 L2，可得到满足要求的测试用例：

{（2，0，4），（2，0，3）}，覆盖 L1

{（1，1，1），（1，1，1）}，覆盖 L2

如果选择路径 L3 和 L4，可设计另一组测试用例：

{（2，1，1），（2，1，2）}，覆盖 L3

{（3，0，3），（3，1，1）}，覆盖 L4

从上面设计中可以看出，测试用例的选择不唯一。

（2）判断覆盖的不足之处。假如第二个判断中的条件 $X>1$ 被错写成 $X<1$，利用上面两组测试用例，仍能得到同样的结果。这表明，只是判断覆盖，还不能保证一定能查出在判断条件中存在的错误。

3. 条件覆盖

条件覆盖就是设计若干个测试用例，运行所测程序，使得程序中每个判断的每个条件的可能取值至少执行一次。因此，首先要对所有的条件加以标记。

（1）对图 1—18 中第一个判断：

条件 $A>1$ 取 True 时为 T1，取 False 时为 F1；

条件 $B=0$ 取 True 时为 T2，取 False 时为 F2。

（2）对图 1—18 中第二个判断：

条件 $A=2$ 取 True 时为 T3，取 False 时为 F3；

条件 $A>1$ 取 True 时为 T4，取 False 时为 F4。

根据这 8 个条件取值，可分别设计如下两组测试用例，见表 1—10 和表 1—11。

表 1—10　　测试用例 1

测试用例	通过路径	条件取值	覆盖分支
[（1，0，3），（1，0，4）]	L3	F1，T2，F3，T4	b，e
[（2，1，1），（2，1，2）]	L3	T1，F2，T3，F4	b，e

表 1—11　　　　测试用例 2

测试用例	通过路径	条件取值	覆盖分支
[(2, 0, 4), (2, 0, 3)]	L1	T1, T2, T3, T4	c, e
[(1, 0, 1), (1, 0, 1)]	L2	F1, T2, F3, F4	b, d
[(2, 1, 1), (2, 1, 2)]	L3	T1, F2, T3, F4	b, e

从上面两张表中可以看出，两组测试用例满足了条件覆盖，即覆盖了所有的条件取值。

(3) 条件覆盖的不足之处：第一组测试用例不满足判断覆盖要求。

4. 判断/条件覆盖

判断/条件覆盖就是设计足够的测试用例，使得判断中每个条件的所有可能取值至少执行一次，同时每个判断的所有可能判断结果至少执行一次。也就是说，要求各个判断的所有可能的条件取值组合至少执行一次。

(1) 根据判断/条件覆盖的定义，只需设计下面两个测试用例即可覆盖例子的八个条件取值以及四个判断分支，见表 1—12。

表 1—12　　　　测试用例 3

测试用例	通过路径	条件取值	覆盖分支
[(2, 0, 4), (2, 0, 3)]	L1	T1, T2, T3, T4	c, e
[(3, 1, 1), (3, 1, 2)]	L2	F1, F2, F3, F4	b, d

(2) 判断/条件覆盖的不足之处。从表面上看，判断/条件覆盖测试了所有条件的取值，但实际上并非如此，而是某些条件掩盖了另一些条件（由于多重条件判定）。例如，对条件表达式（A>1）and（B=0）来说，当（A>1）的测试结果为 False 时，可以立即确定表达式的结果为 False，这时往往就不再测试（B=0）的取值了；因此，条件（B=0）就没有被检查。同样，对条件表达式（A=2）or（X>1）来说，当（A=2）的测试结果为 True 时，就立即确定表达式的结果为 True，这时，条件（X>1）就没有被检查。

因此，采用判断/条件覆盖测试，不一定能查出逻辑表达式中的错误。

注意：任何一种方法在设计中都有不足之处，解决的最好方法就是取其之长，避其之短，这样才能保证测试用例覆盖率，并进一步确保软件质量。

5. 条件组合覆盖

条件组合覆盖就是设计足够的测试用例，运行所测试程序，使得每个判断的所有可能的条件取值组合至少执行一次。

（1）针对前面的例子，先对各个判断的条件取值组合加以标记，见表1—13。

表1—13 对各个判断的条件取值组合加以标记

组合编号	条件取值的组合	标记	说明
①	A＞1，B＝0	T1，T2	第一个判断取True分支
②	A＞1，B≠0	T1，F2	第一个判断取False分支
③	A≯1，B＝0	F1，T2	第一个判断取False分支
④	A≯1，B≠0	F1，F2	第一个判断取False分支
⑤	A＝2，X＞1	T3，T4	第二个判断取True分支
⑥	A＝2，X≯1	T3，F4	第二个判断取True分支
⑦	A≠2，X＞1	F3，T4	第二个判断取True分支
⑧	A≠2，X≯1	F3，F4	第二个判断取False分支

对每个判断，要求所有可能的条件取值的组合都必须取到。每个判断有两个条件，所以各有四个条件取值的组合。

注：这里没有要求第一个判断的四个组合再与第二个判断的四个组进行组合。

设计四个测试用例，就可覆盖上面8种条件组合，见表1—14。

表1—14 测试用例4

测试用例	通过路径	覆盖条件	覆盖组合号
[（2，0，4），（2，0，3）]	L1	T1，T2，T3，T4	①⑤
[（2，1，1），（2，1，2）]	L3	T1，F2，T3，F4	②⑥
[（1，0，3），（1，0，4）]	L3	F1，T2，F3，T4	③⑦
[（1，1，1），（1，1，1）]	L2	F1，F2，F3，F4	④⑧

这些测试用例覆盖了所有条件的可能取值的组合，覆盖了所有判断的可取分支。

（2）条件组合覆盖的不足之处：没有覆盖路径L4，这样的测试还不够完全。

6. 路径覆盖

路径覆盖就是设计足够的测试用例，覆盖程序中所有可能的路径，可设计下面的四个测试用例，覆盖全部四条路径，表1—15是对应实例程序的路径覆盖测试用例。

表1—15 测试用例5

测试用例	通过路径	覆盖条件	覆盖组合号
[（2，0，4），（2，0，3）]	L1	T1，T2，T3，T4	①⑤
[（1，1，1），（1，1，1）]	L2	F1，F2，F3，F4	④⑧
[（1，1，2），（1，1，3）]	L3	F1，F2，F3，T4	④⑦
[（3，0，3），（3，0，1）]	L4	T1，T2，F3，F4	①⑦

路径覆盖的不足之处：没有全部覆盖判断的条件取值的组合，如②③⑥。

7. 测试用例的组合和优化

对该例子，采用逻辑覆盖方法的任何一种都不能满足所有需求，如果每种方法都采用，又有测试用例的重复。应考虑如何用最少的测试用例满足最多的需求。

对本例，采用条件组合覆盖和路径覆盖两种方法设计测试用例，并进行优化，可得到的测试用例见表1—16。

表1—16　　测试用例6

测试用例	通过路径	覆盖条件	覆盖组合号
[（2，0，4），（2，0，3）]	L1	T1，T2，T3，T4	①⑤
[（1，1，1），（1，1，1）]	L2	F1，F2，F3，F4	④⑧
[（1，1，2），（1，1，3）]	L3	F1，F2，F3，T4	④⑦
[（3，0，3），（3，0，1）]	L4	T1，T2，F3，F4	①⑧
[（2，0，4），（2，0，3）]	L1	T1，T2，T3，T4	①⑤
[（2，1，1），（2，1，2）]	L3	T1，F2，T3，F4	②⑥
[（1，0，3），（1，0，4）]	L3	F1，T2，F3，T4	③⑦
[（1，1，1），（1，1，1）]	L2	F1，F2，F3，F4	④⑧

采用以上设计的8个测试用例，可满足所有逻辑覆盖测试。

四、路径测试

从广义的角度讲，任何有关路径分析的测试都可以被称为路径测试，对于软件程序测试而言，路径测试就是从一个程序的入口开始，执行各个语句的完整过程。在上文中已经提到完成路径测试的理想状况是做到覆盖所有路径，但在实际测试中可以发现，当逻辑相对比较简单时，路径测试是可以完全覆盖的，而对于程序出现多个判定、循环，路径将会成倍地增加，从而导致路径覆盖成为不可能或即使实现也已经失去意义。

1. 基本路径测试方法

基本路径测试法是在程序控制流程图的基础上，通过分析控制构造的环路复杂性，导出基本可执行的路径集合，再进一步设计测试用例，设计的测试用例要保证在测试中程序的每个执行语句至少执行一次。基本步骤如下：

（1）画出程序的控制流程图。任何程序设计都要被转换成控制流程图的形式，下面以一个C/C ++语句中的控制语句为例：

Void sort　（int irecordnum，int itype）

```
1.    {
2.        int x = 0;
3.        int y = 0;
4.        while (irecordnum -- > 0)
5.        {
6.           If (itype == 0)
7.               break;
8.           else
9.           if (itype == 1)
10.                x = x + 10;
11.          else
12.                y = y + 20;
13.          }
14. }
```

注：程序段中的开始的每行数字都是对每条语句的编号。

根据控制语句画出程序的控制流图，如图 1—19 所示：

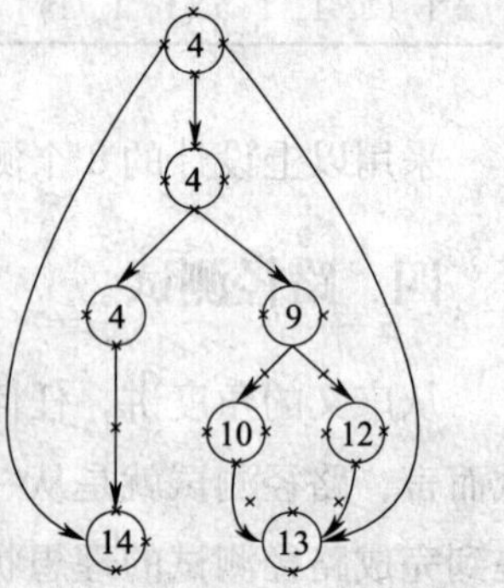

图 1—19　程序段的控制流程图

其中每一个圆称为控制流程图的节点，代表一条或多条语句，流程图中的箭头称作边或连接，代表控制流。

（2）计算环形复杂度。环形复杂度是一种为程序逻辑复杂性提供的度量方式，将该度量方式用于计算程序的基本的独立路径数目，为确保所有语句至少执行一次，独立路径必须包含一条在定义之前不曾用到的边，可通过以下三种方法计算环形复杂度：

1）流图中区域的数量对应于环形复杂性。通过对图 x - x 的观察，可以知道流图中有 4 个区域。

2）假定图 1—19 为流图 G，它的环形复杂度为 V（G），定义 V（G）＝E - N + 2，E 代表流程图中边的数量，N 是流程图中节点的数量。

V（G）＝E - N + 2，即 V（G）＝10（边）－8（节点）＋2＝4。

3）给定流程图 G 的环形复杂度 V（G），定义为 V（G）＝P + 1，P 代表 G 中判定节点的数量。

V（G）＝P + 1，V（G）＝3（判定节点）＋1。

因此，图 x－x 的环形复杂度是 4，更重要的是 V（G）的值提供了组成基本集的独立路径的上界，并由此得到覆盖所有程序语句所需要的测试路径的上界。

（3）导出测试用例。根据上面的计算方法，导出基本路径集，列出程序的独立路径，可得出程序段的基本路径集中有 4 条独立的路径，分别是：

路径 1：4→14

路径 2：4→6→7→14

路径 3：4→6→9→10→13→4→14

路径 4：4→6→9→12→13→4→14

（4）设计测试用例。从上面的四条独立路径中可以设计对应测试用例，设计的输入数据和期望结果见表 1—17。

表 1—17　设计的输入数据和期望结果

用例编号	输入数据	期望结果
测试用例 1	irecordnum = 0　itype = 0	x = 0　y = 0
测试用例 2	irecordnum = 1　itype = 0	x = 0　y = 0
测试用例 3	irecordnum = 1　itype = 1	x = 10　y = 0
测试用例 4	irecordnum = 1　itype = 2	x = 0　y = 20

2. 循环测试方法

循环测试的目的就是检查循环结构的有效性。事实上，循环是大多数软件算法的基础，但由于其测试的复杂性，在进行测试时应特别注意，循环可以划分为以下几种模式，并以此设计循环测试用例。

（1）循环测试的基本方法。循环一般划分为简单循环、嵌套循环、串接循环和非结构循环四类，如图 1—20 所示。

1）简单循环。设其循环的最大次数为 N，循环有以下几种情形：跳过整个循环，只循环一次，循环两次，循环 M 次（其中 M < N），分别循环 N－1、N 和 N＋1 次。

2）嵌套循环。如果将简单循环的测试方法用于嵌套循环，可能的测试次数就会随嵌套层数成几何级数增加，这会导致许多实际不存在的测试路径，因此不能采用简单的循环测试方法。

为了减少测试次数，测试从最内层循环开始，将其他循环设置为最小值，内层循环则按照简单循环测试方法进行测试。对最内层循环使用简单循环，而使外层循环的迭代参数（即循环计数）最小，并为范围外或排除的值增加其他测试。

3）串接循环。若所有要处理的两个串接循环是相互独立的，则可分别采用简单循环的测试方法进行测试，否则采用嵌套循环的测试方法进行测试。

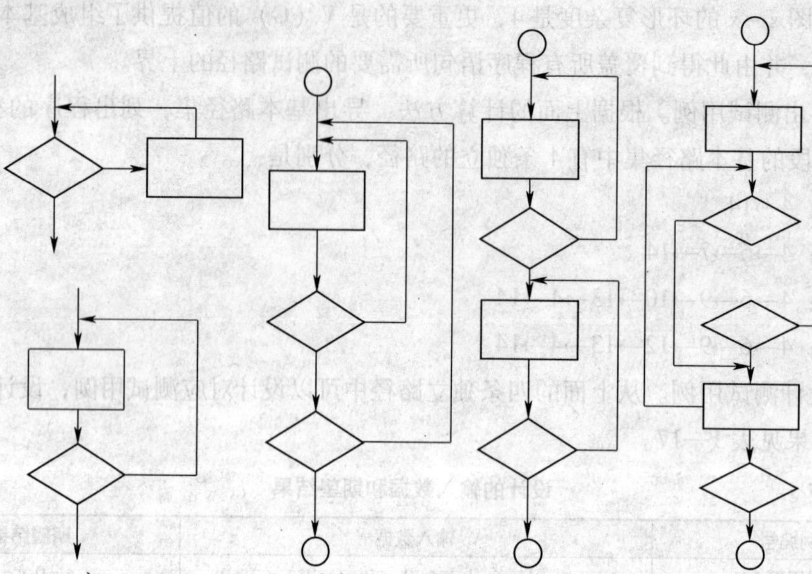

a)　　b)　　c)　　d)

图 1—20　循环类别

a）简单循环　b）嵌套循环　c）串接循环　c）非结构循环

4）非结构循环。此情况基本不能测试，需要按结构化程序设计的思想，重新设计程序，使其结构化后再进行测试。

（2）Z 路径覆盖下的循环测试方法。通过上面的分析可知，循环测试非常复杂，循环结构使得路径覆盖的路径数量非常之大，成为一项实际无法完成的任务，因此必须对循环测试的策略进行简化，极大地减少路径的数量，这种简化循环的思想就是 Z 路径覆盖。

循环简化的目的是限制循环的次数，因此无论循环的形式和循环体实际执行的次数，简化后的循环测试只考虑执行一次循环体和零次（不执行）两种情况，即考虑执行时进行循环体一次和跳过循环体这两种情况。图 1—21 为两种最典型的循环控制结构，左边是先比较后执行，右边是先执行后比较。

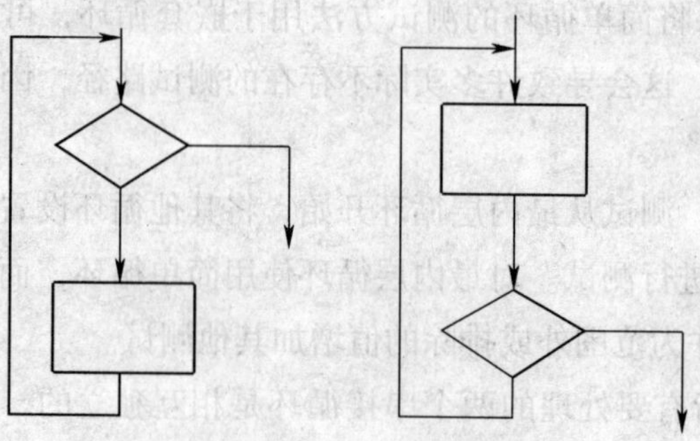

图 1—21　循环结构简化

3. 测试用例生成

分析路径测试的过程，其中关键的问题仍然是如何得到测试用例，这既能避免测试的盲目性，又能获得较高的测试效率，除以上介绍的各种方法之外，还可采用以下三种方法设计测试用例，作为设计测试用例的参考手段。

（1）通过非路径分析设计测试用例。该方法主要由测试人员根据自己对被测软件的熟悉程度以及自身的工作经验，甚至是通过猜测而进行的用例设计，用例执行后除了可取得测试结果供进一步分析外，还可通过语法分析获得路径表达式，从而生成该程序的路径树；随着程序的执行得到当次执行路径的编码，再经过译码后就得到当次执行的路径。

（2）未测试路径的挖掘及测试用例。穷举被测程序路径树的所有路径，并与前面已测试路径进行对比，可得知哪些路径尚未测试过，并针对这些路径生成测试用例，进而完成测试。

（3）通过指定特定路径并生成相应的测试用例。通过列举所有路径，然后指定某些特定路径，进一步设计对应的测试用例。

五、白盒测试的优缺点

（1）白盒测试的优点

1）能够对程序内部进行覆盖测试，覆盖率较高。

2）能够较早地发现程序中的缺陷。

（2）白盒测试的缺点

1）无法验证程序的外部特性。

2）设计过于复杂。

3）需求变更时，付出的代价较大。

2

第 2 章

VSTS 及测试技术

第1节　面向对象与C#语言基础

一、.NET平台简介

1. .NET开发工具简介

Visual Studio是由微软公司推出的可视化开发工具，主要由C#、J#、VC++、VB.NET组成，是当前市场主流的基于Windows平台的应用程序开发环境之一，用于创建Windows应用程序、网络应用程序、网络服务、智能设备应用程序的产品开发。主要有3个不同版本：

（1）Visual Studio Professional。主要针对Microsoft Office、Windows Mobile、Windows Server和基于Web的应用程序所提供的一个功能全面的开发环境。

（2）Visual Studio Team System。主要针对项目中的每个团队提供一套完整的工具，包括架构师、设计人员、开发人员和测试人员，因此VSTS提供了四个客户端版本：Architecture Edition、DataBase Edition、Development Edition、Test Edition。

（3）Team Foundation Server。主要将团队门户、版本控制、工作项跟踪、构建管理、过程指南和商务智能集中到一个统一服务器中的团队协作平台，它允许团队中的每个成员都能更高效地协作，并且提高软件质量。

2. .NET测试工具简介

（1）NUnit。NUnit是一个单元测试框架，专门针对.NET产品进行测试，由JUnit发展而来；NUnit最初是由James W. Newkirk、Alexei A. Vorontsov和Philip A. Craig共同开发，在VS.NET 2005及以后版本中都集成了NUnit。

（2）WAS。WAS（Web Application Stress），是由微软公司免费提供的专门用来进行网站压力测试的性能测试工具，通过模拟大量用户在线对网站可能产生的影响，收集有效的测试Web服务器的运行状态、响应时间等性能数据，从而及早发现软件产品性能的不足。

3. IIS简介与安装

（1）IIS简介。互联网信息服务（Internet Information Services，IIS）是由微软公司提供的基于Microsoft Windows的互联网服务，新版本的IIS与WindowsNT Server完全集成，因而用户能够利用NTFS内置的安全特性，建立强大、灵活而安全的Internet及站点。

IIS 支持 HTTP（Hypertext Transfer Protocol，超文本传输协议）、FTP（File Transfer Protocol，文件传输协议）、SMTP（Simple Mail Transfer Protocol，简单邮件传输协议），IIS 还支持 VBScript、JScript、CGI 和 WinCGI 以及 ISAPI 扩展和过滤器。

（2）IIS 安装。单击“开始”→“所有程序”→“控制面板”→“添加删除程序”，在弹出对话框中单击“添加/删除 Windows 组件”，选择 IIS。安装成功后，系统将自动在系统盘中创建网站目标，IIS 默认目录为：C：\ Inetpub \ wwwroot。

4. .NET 入门

（1）C#语言背景。微软的 C#（读作 C Sharp）语言是一种强大的、面向对象的语言。C#在微软的. NET 框架下扮演着一个重要的角色，C#语言是一门专门用于. NET 框架下的新编程语言，可以使用 C#编写 Web 网站、Windows 应用程序、PDA 应用程序等一系列程序。因为 C#语言是基于. NET 平台的开发语言，所以要学习好 C#语言，必须对. NET 框架有所了解。

（2）. NET 的概念。微软的. NET 提供了预制的基础设施，以解决编写因特网软件时遇到的普遍问题，可以说微软的. NET 是为了解决 Internet 应用中存在的普遍问题而预先建立的基础设施。微软的. NET 的服务器版可运行在 Windows NT、Windows 2000、Windows XP Professional 以及 Windows 2003、Windows Vista、Windows 7 操作系统下，其个人版可运行于 Windows 98，Windows Me，Windows XP Home 下。理解. NET 框架最简单的方法就是把它看做是执行代码的环境，. NET 管理代码的执行以及内存的使用；除了能够执行代码管理以外，. NET 框架还提供了一个非常庞大的. NET 基类库，以便在 Windows 上执行大量的任务。因此. NET 承担了管理代码的执行和为代码提供服务的双重角色。

（3）. NET 提供的服务。. NET 提供了一种新的运行环境，即. NET 框架，它使得程序员能够更容易、迅速地写出优良、健壮的程序代码，并且能够方便地管理、部署和修改代码，程序员所编写的程序和组件都在该环境下执行。. NET 还为程序员提供了一些新奇的功能，例如动内存管理，以及更方便地访问所有系统服务。. NET 还有许多实用功能，例如易于访问因特网和数据库。它还为代码复用提供了一种新的机制，该机制比以前微软所使用的 COM 更加有效和灵活。

1）. NET 为创建 HTML 页面提供了一种新的编程模型，称为 ASP. NET。

2）. NET 提供了 XML Web 服务，该服务为 Internet 服务器程序提供一种新的方法，使得它们能够将自己的方法显示给任意的客户端程序。

3）. NET 提供了 Windows 窗体，它是一种使用. NET 框架编写各种 Windows 程序的新方法。

4）. NET 提供了 ADO. NET。现在几乎所有的编程都要涉及对数据库的访问，而 ADO.

NET 为. NET 框架内的数据库访问提供了良好的支持，使应用程序对数据库的访问更加方便、快捷。

5). NET 还对处理 XML 文档和流有超强的支持。

(4). NET 的内容。在执行使用. NET 框架编写的应用程序（如使用 C#语言编写），. NET必须先把该代码转换为操作系统能够理解的语言，即机器代码，这种转换称为编译代码，由编译器执行。在. NET 框架下，这个过程分为两步。

. NET 在编译 C#代码时，不是立即创建机器码，而是先把代码编译成 MSIL（Microsoft Intermediate Language，中间语言）；中间语言与 Java 字节码有一些相似之处，它都是一种相当低级的语言，可以快速转换为内部机器码。当把源代码编译成 IL 后，该代码还要经过 Just - In - Time 编译器执行，把 IL 编译为操作系统可直接执行的机器代码。

在. NET 下，使用的编程语言如 C ++，VB. NET，C#等，其代码都会编译成中间代码，这样在. NET 平台下，就实现了开发语言的无关性，如图 2—1 所示。

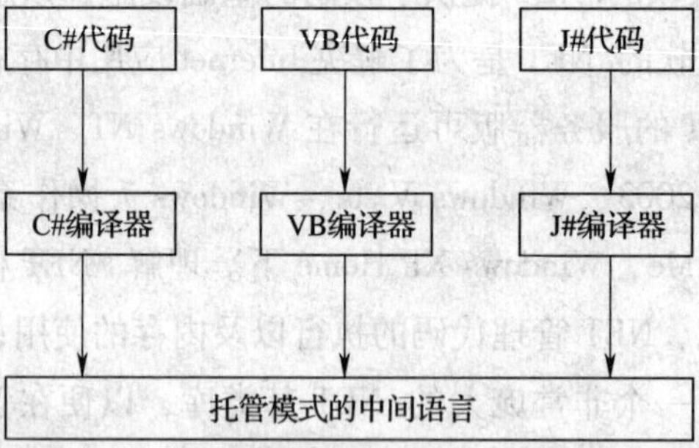

图 2—1 . NET 下源代码编译

将多种编程语言编译成相同的 IL，需要通过公共类型系统来实现。

(5) 公共语言运行环境 CLR。. NET Runtime 是. NET 最重要的组件之一，这个组件通常称为 CLR。顾名思义，CLR 是用. NET 语言编写的代码公共语言运行环境。CLR 管理. NET中的代码。因此，这些代码称为受托管代码（Managed Code）。受托管代码包含了有关代码的信息，例如代码中定义的类、方法和变量。受托管代码中所包含的信息称为元数据（Metadata），CLR 使用元数据来安全地执行程序代码。除了执行代码之外，CLR 还管理内存和线程，从而提高与用其他语言编写的代码之间的互操作性和安全性。除了安全地执行程序之外，受托管代码还可使用 CLR 服务，这些 CLR 服务包括查找和加载类以及与现有的 DLL（Dynamic Link Library，动态链接库）代码和 COM 对象之间相互操作。

通过 CLR，程序员可以在人和. NET 语言编写的应用程序之间实现互操作。因为 CLR 是所有. NET 应用程序的公共语言运行环境，因此. NET 中的所有代码将转换为 IL 并以类似的方式执行。前面讨论过，这种代码称为受托管代码，使用 CTS 或者 CLS 就可以开发.NET中的受托管代码；接下来将详细地介绍 CLS 和 CTS。

（6）公共类型系统（CTS）。公共类型规范的含义是中间语言有一组设计合理、内容丰富的预定义的数据类型集。公共语言类型规范定义了可在中间语言中使用的预定义的数据类型，因此.NET Framework 的语言都可以生成最终基于这些类型的编译代码；使不同编程语言的数据类型一致。

前面讨论过,.NET 的目的是为应用程序之间提供互操作功能，为创建可以互操作的应用程序，需要一组可以在多个应用程序中使用的标准数据类型，和一组为.NET 创建用户定义类和对象的原则集合，这些标准数据类型和原则集合都包含在 CTS 中。为了确保多个应用程序之间可以互操作，CTS 仅仅包含在多种语言之间兼容的数据类型和功能。

.NET Framework 的 CTS 功能使得用.NET Framework 中的某种语言创建了一个类后，可以在.NET Framework 支持的另外一种语言中使用相同的类。大大简化了使用多种语言编写同一程序的操作。如图 2—2 说明了.NET Framework 的语言互操作功能。

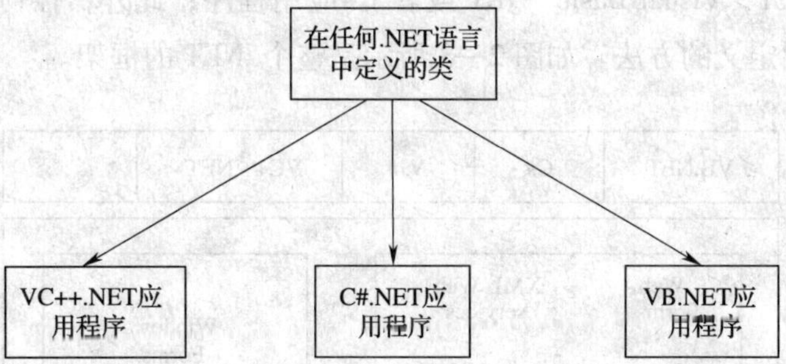

图 2—2　.NET Framework 的语言互操作性

（7）公共语言规范（CLS）。为了让不同语言的编译器所编译的对象能够相互理解，唯一方法是使所有在互操作过程中涉及的数据类型和语言特性对所有的语言来说是公共的，为了实现这个目标，公用语言运行环境标识了一组语言特征的集合，称为公用语言规范（CLS）。公共语言规范和公共类型系统一起确保了语言的互操作性。CLS 是已经建立的最低标准集，所有面向.NET 的编译器都必须支持它，所有.NET 语言也必须遵守 CLS 的规则，以创建和其他语言具有互操作性的应用程序。CLS 和 CTS 以及 MSIL 相互配合，使.NET Framework 平台下开发的应用程序能够确保语言之间的互操作性。

（8）垃圾回收机制。CLR 的垃圾回收（Garbage Collection）的特点是可以自动管理系统内存，如果应用程序在长时间内没有引用某个变量，则垃圾回收程序自动释放分配给那个变量的内存，这种内存清理过程确保不会浪费系统内存，因此可以防止应用程序出现内存泄露。

学习. NET 中 CLR 的垃圾回收过程，首先要了解垃圾回收系统和研究为应用程序分配内存的机制。在系统创建应用程序时，将为它分配一定的内存空间，因此应用程序中声明的所有变量、类、对象和其他资源都将加载到这个内存空间中，该过程称为应用程序的堆分配（heap allocation）；当在这个堆中不断添加数据时，分配给应用程序的内存空间在某个时刻会满，此时就不能在这个内存空间中继续添加数据了。垃圾搜集程序就在这个时候发挥作用，它扫描整个堆，并释放不再使用的内存资源，从而在堆中创建空闲空间，这样就可以在内存中继续添加更多的对象。

（9）类库。. NET 提供了几个基类。这些基类构成了一个类库，即. NET 基本类库，除了基类之外，类库包含接口、值类型、枚举和方法，可完成许多不同的任务，以简化编程工作。而且. NET 类库中所包含的类名称很容易理解，有助于识别程序中需要使用的类。例如，如果需要创建线程，则要使用 Thread 类；为创建异常，要使用 Exception 类。

类库所提供的类有助于创建互操作应用程序，这也说明，类库中定义的类可以用于创建 Visual C ++ . NET，Visual Basic . NET 或者 C#应用程序；此外，任何其他. NET 编程语言也可以使用类中定义的方法。如图 2—3 所示是整个. NET 的框架。

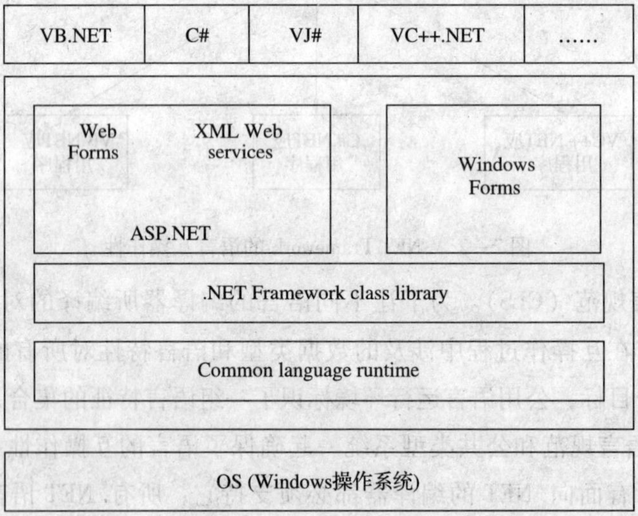

图 2—3　. NET Framework 组件

在整个. NET 框架中最重要的是 CLR，它为程序执行提供了一个环境，在 CLR 上面一层是. NET 基类库，在基类库上还有一些对数据的访问类，然后是. NET 中具体的开发技术：ASP. NET 和 Winform，分别用来开发 Web 应用程序和 Windows 应用程序。

二、面向对象概述

1. 面向对象的概念

从计算机被发明开始，人类就一直试图让计算机模拟人类的方式进行思考和工作，对象是人们要进行研究的任何事物在面向对象编程中的抽象，从最简单的整数到复杂的飞机等均可看作对象，它不仅能表示具体的事物，还能表示抽象的规则、计划或事件，在面向对象中，还有一个与对象相关的重要概念——类。

类是具有相同或相似性质的对象的抽象。因此，对象的抽象是类，类的具体化就是对象，也可以说类的实例（实体化的个例）是对象。例如，Test 牌电视机的设计图就是类，而根据设计图生产出来的每一台 Test 牌电视机都是一个对象。

起初，“面向对象”是专指在程序设计中采用封装、继承、抽象等设计方法，但随着此类研究的不断深入和应用的扩展，这个定义已经显得有些片面。面向对象的思想已经涉及软件开发的各个方面，包括面向对象的分析（OOA，Object Oriented Analysis），面向对象的设计（OOD，Object Oriented Design）和面向对象的编程实现（OOP，Object Oriented Programming）。

面向对象的分析的主要作用是明确用户的需求，并用标准化的面向对象的模型，规范地表述这一需求，最后形成面向对象的分析模型，即 OOA 模型，分析阶段的工作应该由用户和开发人员共同协作完成。

OOA 模型有三种用途：用来明确问题需求；为用户和开发人员提供明确需求；为用户和开发人员提供一个协商的基础，作为后继的设计和实现的框架。

分析阶段应该明确的是所要开发的软件系统到底是什么，要满足什么要求；设计阶段所要明确的是系统应该怎么做，怎么做才能满足用户需求。

面向对象的设计将对面向对象分析模型进行扩展，并得到面向对象设计阶段的最终成果：面向对象设计模型，即 OOD 模型。

面向对象设计在 OOA 模型的基础上进一步引入界面管理、任务管理和数据管理三方面的内容，然后进一步扩充和细化 OOA 模型。界面管理负责人机交互，任务管理负责处理系统资源管理工作，数据管理负责所设计的系统与数据库的交互工作。

面向对象的实现就是具体的编码阶段，这个过程并不是单纯地进行编码，也包含一个过程。首先需要选择一门面向对象开发语言，然后进行类的实现。在底层的类都正确实现以后，就可以快速地实现系统功能。在完成系统功能后，需要对系统进行初步测试。

2. 面向对象的三大要素

（1）封装。封装就是指使用抽象数据类型，将数据和基于数据的操作包装在一起，数据被保护在抽象数据类型的内部，系统的其他部分只有通过包裹在数据外面的被授权的操作，才能与这个抽象数据类型进行交互。

在面向对象的程序设计中，抽象数据类型使用“类”来实现，每个类里面都封装了相关的数据和操作。在实际的开发过程中，“类”多用来构建系统内部的模块。由于封装特性把“类”内的数据保护得很严密，模块与模块之间仅通过严格控制的界面进行交互，使得它们之间的耦合和交叉大为减少，从而降低了开发过程的复杂性，提高了效率和质量，减少了可能的错误，同时也保证了程序中数据的完整性和安全性。

例如在银行日常业务模拟系统中，“账户”这个抽象数据类型把账户金额和交易情况封装在类的内部，系统的其他部分没有办法直接获取或者改变这些关键数据，只有通过调用类对外提供的方法才能做到。如调用查看余额的方法来获知账户的金额，调用存取款的方法来改变金额，只要给这些方法设置严格访问权限就可以保证只有被授权的其他抽象数据类型才可以执行这些操作，从而影响当前类的状态，这种保护机制，可有效保证数据和系统的安全。

（2）继承。继承代表了一种从上到下的层次关系。在日常生活中，人们经常会说某个孩子与他的父母长得很像，这是因为他从父亲和母亲那里分别继承了一部分特征，但这种继承并不同于完全的复制，父母总有一些孩子没有的特征，另外孩子本身也有一些特征是自己独有的，这就是继承在现实中的一个典型的例子。

在面向对象中也需要描述继承这种最普遍的现象。与上面的例子不同的是，现实中的继承可以来自多个继承源，但是在 C#中，类能且只能从另外一个类继承，不允许多类继承；因此一个类在从另一个类继承的时候，还可从其他一个或多个接口中继承，从而实现多功能扩展。

严格定义的继承概念应该是：当对象 A 是对象 B 的特例的时候，就说对象 A 继承了对象 B；作为特例的类称为子类，被继承的类称为父类或者基类。比如，“奇瑞 QQ”是奇瑞公司出产的一种家用车，它实际上属于“汽车”的范畴，拥有汽车的所有特征。如果抽象成编程里面的类，那么可以创建两个类：“奇瑞 QQ”和“汽车”，并在“奇瑞 QQ”和“汽车”之间建立继承关系，从而完整无误地反映出现实中的这种关系，如图 2—4 所示。

（3）多态。通过封装和继承，子类可以从父类继承大部分的功能，但是子类也可以按照自身的需要对这些功能进行细节实现上的修正，甚至重写该功能。

继续以汽车为例，桑塔纳是一款大众型车，保时捷 GT 是一款跑车，两种车同样都是汽车，具有汽车应该具有的属性，如发动机、变速箱、方向盘等。从关系上看，桑塔纳和保时捷 GT 很显然是汽车的子类，但是这两款车在各自的实现上却大相径庭，导致性能相差极大。这两种车都有自己的说明书，但是驾驶员并不需要为每一款车型都去考一份驾驶

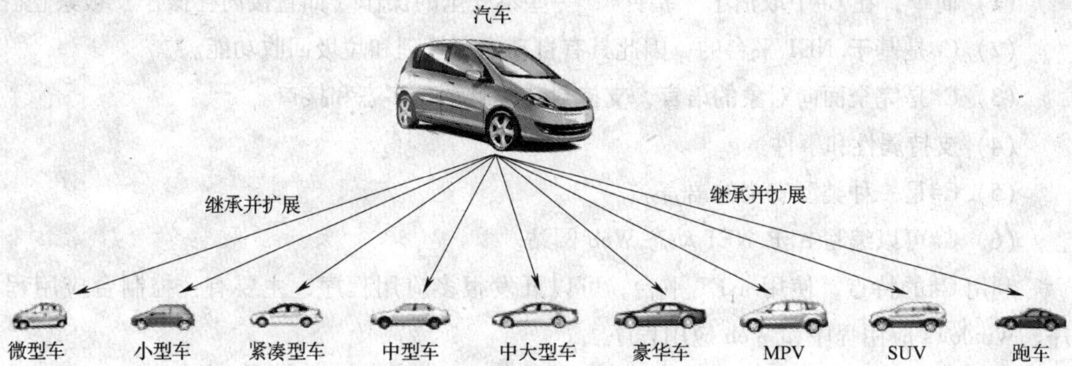

图 2—4　现实中各种汽车的继承关系

执照，只要拥有驾驶执照就可以开这两种性能截然不同的车，这是因为无论在内部构造上差距如何大，两种车的驾驶方式却是基本一样的，驾驶员根本不需要知道车的发动机有几个缸体，排气量多少，只需按照通用的汽车驾驶方法驾驶即可，如图 2—5 所示。

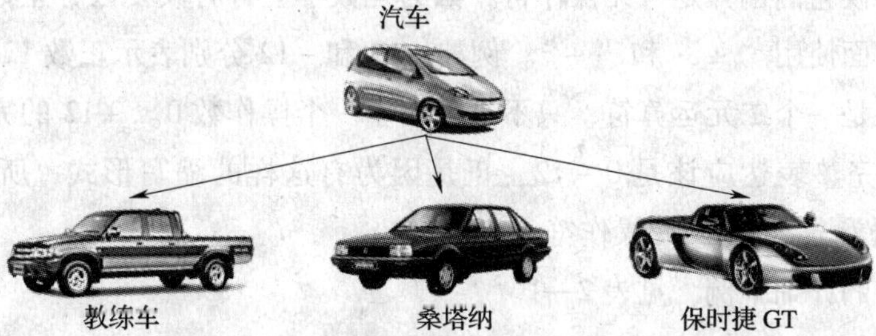

图 2—5　多态在现实中的表现

上面的例子就是多态在现实中的一个典型实例，多态性是面向对象中十分重要的概念，它允许把所有子类当成父类来用，尽管这些子类的功能实现是各不相同的。

子类可以从父类中继承一定的功能。为了使子类具有新的功能，设计者可以改变子类对该功能的实现细节，事实上，创建子类的目的就是继承父类的功能，并按照需要修改从父类继承来的功能或者添加新功能。

三、C#语言的特点

C#虽然说是一种全新的语言，但其派生于 C 和 C ++，并且吸收了很多 Java 语言的特点，从语法上看，它非常类似于 C ++和 Java，具有语法的简洁性、易用性，以及高性能。

C#的一些特点如下：

（1）简单，在 C#中取消了“指针”，一些不安全的操作（如直接内存操作）被禁止。

（2）C#是基于.NET 平台的，因此具有自动内存管理和垃圾回收功能。

（3）C#是完全面向对象的语言，支持封装、继承、多态和接口。

（4）支持属性和事件。

（5）C#是一种类型安全的语言。

（6）C#可以编写 ASP.NET 动态 Web 网站。

利用 C#的特点，使用.NET 平台，可以开发很多应用程序，主要有：控制台应用程序、Windows 应用程序和 Web 应用程序。

四、数据类型

1. 数学运算符

*，/，%，+ 和 - 运算符称为算术运算符。一般来说 *，/，%，+ 和 - 都被认为是二元操作符，因为它们一般都需要两个操作数来完成数学运算，但是“+”和“-”比较特殊，有时候它们也算是一元操作符，因为在数学上有时候要区分正数和负数，这时仅仅是在数字前面使用“+”和“-”。例如 +12 和 -12 分别表示正数 12 和负数 12，实际上这时它们还是一个二元运算符，只不过省略了一个操作数 0。+12 的完整表达应该是 0+12，-12 的完整表达应该是 0-12。正是因为有这样的缩写形式，所以说“+”和“-”既是一元操作符也是二元操作符。

关于操作符的详细举例，见表 2—1。

表 2—1　　操作符举例

运算符	类型	示例表达式	结果
+	二元	var1 = var2 + var3	var1 的值是 var2 与 var3 的和
-	二元	var1 = var2 - var3	var1 的值是 var2 与 var3 的差
*	二元	var1 = var2 * var3	var1 的值是 var2 与 var3 的积
/	二元	var1 = var2 / var3	var1 的值是 var2 与 var3 的商
%	二元	var1 = var2 % var3	var1 的值是 var2 与 var3 的余数
+	一元	var1 = +var2	var1 的值是 var2 的值
-	一元	var1 = -var2	var1 的值是 var2 的值乘以 -1

其实很多运算符不仅仅可以用于数学运算，也可以用于其他类型变量的运算。比如“+”运算符，前面举例说明它在数学运算中的例子，其实“+”也可以用在字符串类型上，因为“+”已经被系统重新写过，也就是说进行了操作符重载，使得“+”在用于

string 类型的时候，它的意思变成了将前后两个字符串进行首尾相接，从而得到一个新的字符串。

【例 2—1】 “+”字符串的代码如下：

```
using System;
namespace Test
{
    class Program
    {
        static void Main (string [ ] args)
        {
    string s1 = "ABC", s2 = "123";
    Console. WriteLine ("第一个字符串是：  ABC");
    Console. WriteLine ("第二个字符串是：  123");
    Console. WriteLine ("第一个字符串+第二个字符串：{0}", s1 + s2);
    Console. WriteLine ("第二个字符串+第一个字符串：{0}", s2 + s1);
        }
    }
}
```

运行结果如图 2—6 所示。

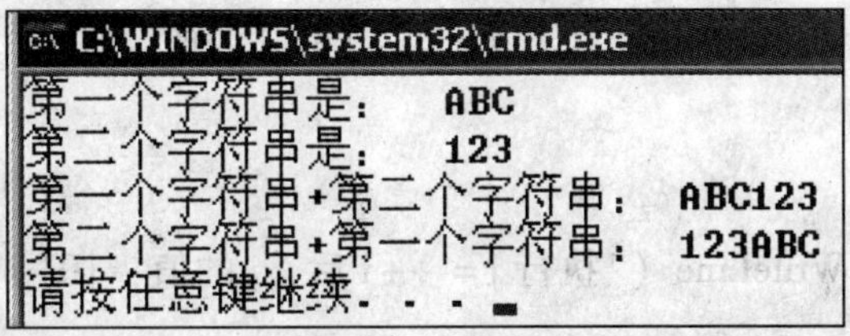

图 2—6　数学运算符运行结果

因为系统已经对 string 类型的“+”操作符进行了重载，所以可以这样使用，但是对于其他的操作符则不行，例如不能对 string 类型的变量使用“-”试图从中删除第二个字符串。

除了上面介绍的几个比较常见的运算符以外，还有两个非常有用的运算符：递增和递减运算符，它们都是一元运算符，但当放置的位置不一样时，其执行效果完全不同，详见表 2—2。

表 2—2 递增和递减运算符

运算符	类型	示例表达式	结果
++	一元	var1 = ++ var2	var1 的值是 var2 +1，var2 递增 1
--	一元	var1 = -- var2	var1 的值是 var2 -1，var2 递减 1
++	一元	var1 = var2 ++	var1 的值是 var2，var2 递增 1
--	一元	var1 = var2 --	var1 的值是 var2，var2 递减 1

【例 2—2】 为了能够更加清晰地说明“++”和“--”前置与后置的区别，编写如下代码：

```
using System;
class Program
{
    static void Main ()
    {
        int i, j;
        i = 10;
        j = i ++;
        Console. WriteLine ("执行 j = i ++ 后，j 的值：{0}，i 的值 {1}", j, i);
        i = 10;
        j = i --;
        Console. WriteLine ("执行 j = i -- 后，j 的值：{0}，i 的值 {1}", j, i);
        i = 10;
        j = ++i;
        Console. WriteLine ("执行 j = ++i 后，j 的值：{0}，i 的值 {1}", j, i);
        i = 10;
        j = --i;
        Console. WriteLine ("执行 j = --i 后，j 的值：{0}，i 的值 {1}", j, i);
    }
}
```

其运行结果如图 2—7 所示：

从上面的示例中，可以发现“++”总是使操作数 i 加 1，“--”总是使操作数 i 减 1，而如果“++”是后置，那么先计算赋值，然后操作数再递增，“--”是后置，也是

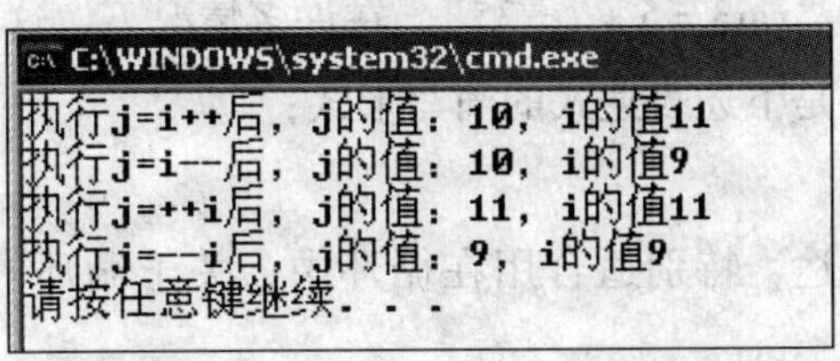

图 2—7　递增和递减运算符运行结果

先赋值，然后操作数再递减；如果“++”是前置，那么先操作数递增，然后赋值，“--”是前置，也是先操作数递减，然后再赋值。

【例 2—3】　为了能够更加清楚地说明前置和后置的区别，见如下代码：

```
using System;
class Program
{
    static void Main ()
    {
        int var1, var2, var3;
        var1 = 5;
        var2 = 8;
        var3 = var1 ++ * --var2;
        Console. WriteLine ("执行 var3 = var1 ++ * --var2 后");
        Console. WriteLine ("var1 = {0}; var2 = {1}; var3 = {2}", var1, var2,
var3);
    }
}
```

其运行结果如图 2—8 所示。

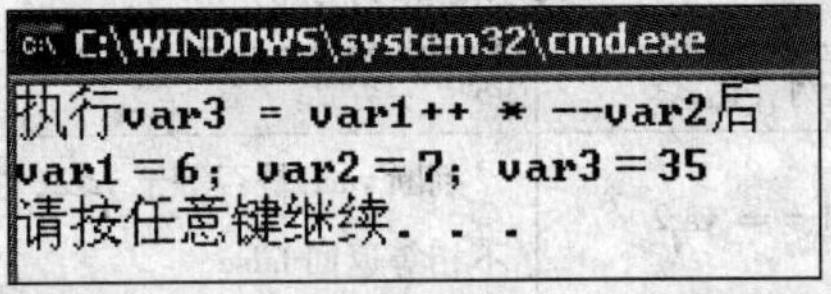

图 2—8　递增和递减运算符前置、后置运行结果

分析一下上面程序的运行顺序，首先由于“--”是前置，所以先计算“--var2”，由于“++”是后置，所以先不考虑，然后计算“*”，并赋值给“var3”，最后再计算

“++”。这样就可以知道“var3 =5 * 7 =35”。在许多情况下，这些简单的一元运算符使用起来非常方便，其实际上是下述表达式的简写形式：

var1 = var1 + 1

这类表达式有许多用途，特别适合用在循环中，关于循环的知识将会在后面详细讲解。

2. 赋值运算符

在数学运算符中，都是使用“=”来进行赋值，其实还有很多其他的赋值运算符，而且是非常有用的，详见表2—3。

表2—3　　赋值运算符的示例

运算符	类型	示例表达式	结果
=	二元	var1 = var2	把 var2 值赋给 var1
+=	二元	var1 += var2	把 var2 与 var1 的和赋给 var1
-=	二元	var1 -= var2	把 var2 与 var1 的差赋给 var1
*=	二元	var1 *= var2	把 var2 与 var1 的乘积赋给 var1
/=	二元	var1 /= var2	把 var2 与 var1 相除所得的商赋给 var1
%=	二元	var1%= var2	把 var2 与 var1 相除所得的余数赋给 var1

可以发现 var1 += var2 实际上就是等同于 var1 = var1 + var2。

3. 关系运算符

==，!=，<，>，<=，>=，is 和 as 运算符称为关系和类型测试运算符，其中 ==，!=，<，>，<= 和 >= 运算符被称为“比较运算符”；is 和 as 运算符被称为“类型测试运算符”。

因为bool类型有两个值：true 或 false，所以预定义的比较运算符都返回 bool 类型的结果，详见表2—4。

表2—4　　关系运算符示例

运算符	类型	示例表达式	结果
==	二元	var1 == var2	判断 var1 是否等于 var2，如果 var1 和 var2 相等，则返回 true，不相等返回 false
!=	二元	var1 != var2	判断 var1 是否不等于 var2，如果 var1 和 var2 不相等，则返回 true，相等返回 false
<	二元	var1 < var2	判断 var1 是否小于 var2，如果 var1 小于 var2，则返回 true，相等返回 false

续表

运算符	类型	示例表达式	结果
>	二元	var1 > var2	判断 var1 是否大于 var2，如果 var1 大于 var2，则返回 true，相等返回 false
< =	二元	var1 < = var2	判断 var1 是否小于等于 var2，如果 var1 小于等于 var2，则返回 true，相等返回 false
> =	二元	var1 > = var2	判断 var1 是否大于等于 var2，如果 var1 大于等于 var2，则返回 true，相等返回 false

关系运算符对程序非常有用，它可以用来进行流程分支控制，先来考虑下面这个例子：

【例 2—4】 当老师在判断学生成绩的时候，一般当成绩大于等于 60 的时候判定为“及格”，而小于 60 的时候判定为“不及格”，如果要编写程序来实现这一判断，就必须要比较学生成绩和数字 60 之间的大小关系，这种比较就需要使用关系运算符。

在上面的关系运算符中都是返回一个 bool 类型的值，可以把这个值赋给一个 bool 变量，然后进行保存和判断。如以下代码所示：

```
using System;
class Program
{
static void Main ()
    {
        bool b;
        string str1;
        int i;
        Console. WriteLine ("请输入一个数字");
        str1 = Console. ReadLine ();
        i = Convert. ToInt32 (str1);
        b = i > = 60;
        Console. WriteLine ("判断题：1. 你输入的数字大于等于 60 ？ {0}", b);
    }
}
```

输入 96 的时候，运行结果如图 2—9 所示。

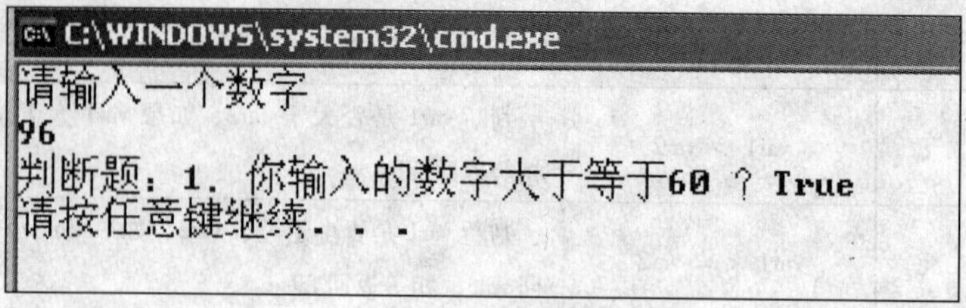

图 2—9　关系运算符运行结果

上面列出来的 = =，! =，<，>，< =，> = 操作符可以应用于下列数据类型：

（1）整数。整数类型分为：int、uint、long、ulong。该运算符都比较两个整数操作数的数值并返回一个 bool 值，该值指示特定的关系是 true 还是 false。

（2）浮点。浮点类型分为：float 和 double。

（3）小数。这些运算符中每一个都比较两个小数操作数的数值并返回一个 bool 值，该值指示特定的关系是 true 还是 false。

（4）布尔。如果变量的值为 true 或 false，则定义为布尔变量。如果 x 和 y 都为 true，或者如果 x 和 y 都为 false，则 = = 的结果为 true。否则，结果为 false。

如果 x 和 y 都为 true，或者 x 和 y 都为 false，则! = 的结果为 false。否则，结果为 true。

（5）字符串。字符串在下列条件中有一个为 true 时，两个 string 值被视为相等：

1）两个值都为 null。

2）两个值都是对字符串实例的非空引用，这两个字符串不仅具有相同的长度，而且在每个字符位置上的字符亦都彼此相同。

3）字符串相等运算符比较的是字符串值而不是对字符串的引用。当两个单独的字符串实例包含完全相同的字符序列时，字符串的值相等，但引用不相同。

4. 逻辑运算符

&，^，| 和! 运算符称为逻辑运算符。在实际应用中不仅要对数字进行处理，还要对逻辑进行处理。例如，在高校的某些专业中不仅对成绩进行要求，而且要求眼睛的视力必须在 5.0 以上才能报考。这就同时要求两个条件。如果用程序来处理，在程序中必须也能够表示“而且”（“与”）逻辑，这就是逻辑运算的用处。

用中文来解释“&”就是“与”，“|”就是“或”，“^”就是“异或”，“!”就是“相反”。

它们的运算规则见表 2—5（A 和 B 是两个逻辑操作数）。

表 2—5　　逻辑运算符示例

A	B	&	^	|
真	假	假	真	真
真	真	真	假	真
假	假	假	假	假
假	真	假	真	真

其求值规则见表 2—6。

表 2—6　　逻辑运算符的求值规则

运算符	含义
与运算“&”	参与运算的两个逻辑值都为真时，结果才为真，其余情况均为假
或运算“|”	参与运算的两个逻辑值只要有一个为真，结果就为真
异或运算“^”	参与运算的逻辑值不一致的时候，结果为真；参与运算的逻辑值都一致的时候，结果为假
反运算“!”	参与运算的操作数的反义

综合表 2—6 的运算规则，可以总结出一些更快的运算方式，例如根据“&”的运算规则，只要第一个表达式是假的，整个表达式肯定是假的，根本不需要进行第二个表达式的判断，而对于“|”的运算规则，只要第一个表达式的运算结果为真，则整个表达式都是真，第二个表达式也不需要判断。因此，系统还定义了支持这种快速运算的运算符，“&&”和“||”运算符称为条件逻辑运算符，也称为“短路”逻辑运算符。

如果“&&”运算符第一个操作数是 false，就不需要考虑第二个操作数，因为无论第二个操作数的值是什么，其结果都是 false；同样，如果第一个操作数是 true，“||”运算符就返回 true，第二个操作数也不需考虑；而“&”和“|”不同，它们的操作数总是要计算的。

因为操作数的计算是有条件的，如果使用“&&”和“||”运算符来代替“&”和“|”，性能会有一定提高，所以在编写代码时应尽可能使用“&&”和“||”运算符。

【例 2—5】

```
using System;
class Program
{
```

```
    static void Main ()
      {
          int i, j;
          bool b;
          i = 5;
          j = 10;
          b = ( ++i >10)    & ( ++j >10);
          Console. WriteLine ("计算完 b1 = ( ++i >10)    & ( ++j >10); 以后, b
= {0}, i= {1}, j= {2}", b, i, j);
          i = 5;
          j = 10;
          b = ( ++i > 10) && ( ++j > 10);
          Console. WriteLine ("计算完 b1 = ( ++i >10)    && ( ++j >10); 以后,
b= {0}, i= {1}, j= {2}", b, i, j);
      }
  }
```

其运算结果如图 2—10 所示。

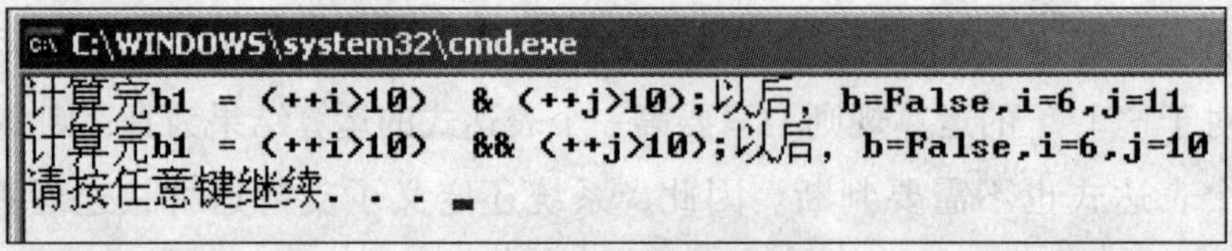

图 2—10　逻辑运算符运算结果

首先观察 &，由于 ++ 是前置，所以先计算 ++i，其值为 6，然后判断其是否大于 10，不成立，返回 false，然后再计算 ++j >10，返回 true，由于 & 两边是 false 和 true，所以返回 false。

其次观察 &&，同样先计算 ++i，其值为 6，判断是否大于 10，不成立返回 false，由于是 &&，所以当第一个值是 false，其第二个操作数就不进行计算，直接返回 false，所以 ++j 没有被运行过，最后 j 还是等于 10；示例中的（++i > 10）&&（++j > 10）实际上是一个逻辑表达式。

逻辑表达式的一般形式为：

表达式 1　逻辑运算符　表达式 2

其中的表达式又可以是另一个逻辑表达式，从而组成了表达式嵌套的情形。例如：

(a && b) && c

该表达式的意思是，先计算 a&&b 的值，再将运算结果和变量 c 中的内容进行条件逻辑与运算，根据逻辑运算符的左结合性，上式也可写为：

a && b && c

而逻辑表达式的值是式中各种逻辑运算的最后值，运算结果为“真”或“假”。

当多个“||”连续出现时，从左到右，只要有一个操作数为 true，表达式的结果为 true，不进行后续运算；多个“&&”连续出现时，只要有一个操作数为 false，表达式的结果为 false，并停止后续运算；因此，“||”又称为短路或，“&&”又称为短路与。

5. 条件运算符

?: 运算符称为条件运算符。有时也称为三元运算符。

b ? x : y 形式的条件表达式首先计算条件 b，如果 b 为 true，则计算 x 为运算结果，否则计算 y 为运算结果；条件表达式不会同时计算 x 和 y。

条件运算符向右关联，表示运算从右到左分组。例如，a ? b : c ? d : e 形式的表达式按 a ? b : (c ? d : e) 计算。

?: 运算符的第一个操作数必须是可以隐式转换为 bool 类型的表达式，或是实现 operator true 的类型表达式，如果两个条件都不满足，则会在编译时发生错误。

?: 运算符的第二个和第三个操作数决定了条件表达式的类型，设 x 和 y 为第二个和第三个操作数所属的类型。

（1）如果 x 和 y 的类型相同，则此类型为该条件表达式的类型。

（2）如果存在从 x 到 y 的隐式转换，但不存在从 y 到 x 的隐式转换，则 y 为条件表达式的类型。

（3）如果存在从 y 到 x 的隐式转换，但不存在从 x 到 y 的隐式转换，则 x 为条件表达式的类型，否则，无法确定条件表达式的类型，且会在编译时发生错误。

例如：b ? x : y 形式的条件表达式的运行时处理包括以下步骤：

首先计算 b，并确定 b 的 bool 值：如果存在从 b 的类型到 bool 的隐式转换，则执行该隐式转换以产生 bool 值。否则，调用 b 的类型中定义的 operator true 以产生 bool 值。

如果以上步骤产生的 bool 值为 true，则计算 x 并将其转换为条件表达式的类型，且为条件表达式的结果。

如果 bool 值为 false，则计算 y 并将其转换为条件表达式的类型，且为条件表达式的结果。

接下来通过实例进行详细介绍。

例如：12 > =15？“12 大于等于 15”：“12 小于 15”

这个表达式在计算的时候，首先判断“？”之前的表达式的真假；因为 12 < 15，所以 12 > =15 就是“假”，因此会选择“：”后面的表达式作为整个表达式的结果，所以最后的结果是“12 小于 15”。

6. 运算符的优先级

在 C#中的运算符的优先级参照表 2—7。

表 2—7　　　　运算符的优先级

	运算符类别	运算符
优先级顺序由高到低	基本	x. y
		f (x)
		a [x]
		x ++
		x --
		new
		typeof
		checked
		unchecked
		- >
	一元	+
		-
		!
		~
		++ x
		-- x
		(T) x
		True
		False
		&
		sizeof
	乘法	*
		/
		%
	加法	+
		-

续表

优先级顺序由高到低	移位	<<
		>>
	关系和类型检测	<
		>
		<=
		>=
		is
		as
	相等	==
		!=
	逻辑“与”	&
	逻辑“异或”	^
	逻辑“或”	|
	条件“与”	&&
	条件“或”	||
	条件运算	?:
	赋值	=
		+=
		-=
		*=
		/=
		%=
		&=
		|=
		^=
		<<=
		>>=
		??
	Lambda	=>运算符（C# 参考）

五、选择语句

程序控制从结构可分为顺序结构、分支结构和循环结构等。

顺序结构指程序按代码行数的先后顺序依次执行下去，直到遇到跳转语句或者程序结束。

分支结构则根据某个条件的值来判断和控制程序的流向。C#语言中的分支控制结构主要分为 if 条件语句和 switch 开关语句两类。

循环结构指在满足某个或者某些条件的时候不停地原地执行，直到条件不满足的时候才会使程序控制继续往下执行。C#中的循环结构主要由迭代语句 for、while、do…while、foreach 来控制。

1. If Else 语句

if 语句是有条件的执行语句，例如：如果 3 条边能够组成三角形，则计算三角形面积；但是还需要其他的功能，例如：两个不相等的数字，判断它们的大小，如果仅仅只使用 if 语句，则代码如下：

```
using System;
class Program
{
    static void Main ()
    {
        string str1;
        double a, b;
        Console.WriteLine ("请输入第一个值:");
        str1 = Console.ReadLine ();
            a = Convert.ToDouble(str1);
        Console.WriteLine("请输入第二个值:");
        str1 = Console.ReadLine();
        b = Convert.ToDouble(str1);
        if (a > b)
        {
          Console.WriteLine("a > b");
        }
        if (a < b)
          {
          Console.WriteLine ("a < b");
        }
    }
}
```

通过观察上面的代码可以发现，当输入两个不同的数，如果 if（a > b）不成立，则必定 if（a < b）成立，这里使用两个 if 条件来判断，实际上还有另外一个简便的分支语句 if else 能够实现该功能。其语法如下：

```
if ( expression )
    语句 1 ;
else
    语句 2 ;
```

该语句的语义是指：当表达式的值为真（true）时，首先执行语句 1 的内容，但是当表达式的值为假（false）时，将直接执行语句 2，如图 2—11 所示：

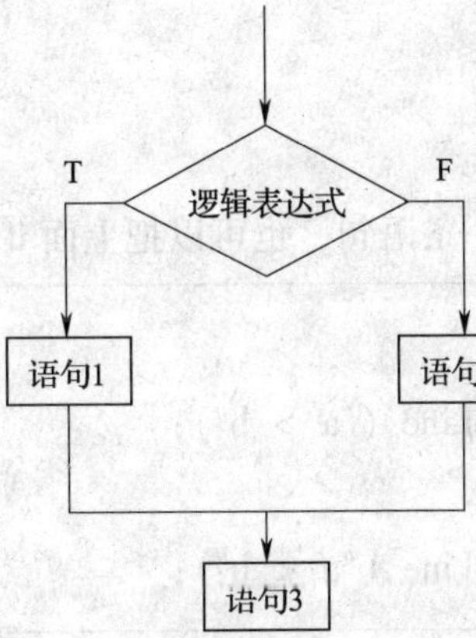

图 2—11　if else 结构

因此可以将上面的代码修改为：

```
Using System;
class Program
{
    static void Main ( )
    {
        string str1;
        double a, b;
        Console. WriteLine ("请输入第一个值:");
        str1 = Console. ReadLine ( );
```

```
            a = Convert. ToDouble (str1);
            Console. WriteLine ("请输入第二个值:");
            str1 =Console. ReadLine ();
            b = Convert. ToDouble (str1);
            if (a > b)
             {
                Console. WriteLine ("a > b");
            }
            else
             {
                Console. WriteLine ("a < b");
            }
        }
    }
```

当然，由于分支结构中只有一条语句，也可以把上面 if else 语句写成

```
if (a > b)
        Console. WriteLine ("a > b");
    else
        Console. WriteLine ("a < b");
```

但是，为了能够使代码的可读性更强，最好加上大括号“{}”。

2. If Else If 语句

在上面的比较大小示例中，要求输入的是两个不同的数进行比较，但是程序允许用户输入两个相等的数，然后判断它们的大小，这个时候就需要进行相等的判断。如果继续使用 if else 的话，就会出现问题，仔细观察下面的代码：

```
if (a > b)
        Console. WriteLine ("a > b");
    else
        Console. WriteLine ("a < b");
```

如果假设 a 和 b 是相等的，那么最后输出是 a < b，这不是期望的结果，因此会使用 3 个 if 语句来判断，代码如下：

```
    if (a > b)
            Console. WriteLine ("a > b");
        if (a < b)
          Console. WriteLine ("a < b");
        if (a = = b)
            Console. WriteLine ("a = b");
```

该方法的缺点非常明显，即无论 a 和 b 是什么值，其三个 if 语句都会被执行，而且其功能被分解到三个 if 语句中，使代码的可读性不强，如果使用 if else if 来进行判断，就会解决该问题，其语法如下：

```
if (expression_ 1 )
    语句 1 ;
else  if (expression_ 2 )
    语句 2 ;
else  if (expression_ 3 )
    语句 3 ;
    …
    else  if (expression_ n )
    语句 n ;
else
    语句 n + 1 ;
```

其流程图如图 2—12 所示。

该语句的语义是：依次判断表达式的值，当表达式 1 的值为 true 时，执行语句 1；否则判断表达式 2，当表达式 2 的值为 true 时，执行语句 2；依次类推，若表达式的值都为 false，则执行语句 5。

在运用多分支语句时要特别注意：不管多分支语句中有几个分支，只要程序执行了其中的一个分支后，其余分支都不再执行。

嵌套语句中的“else if”不能写成“elseif”，必须保证在 else 和 if 之间有空格。

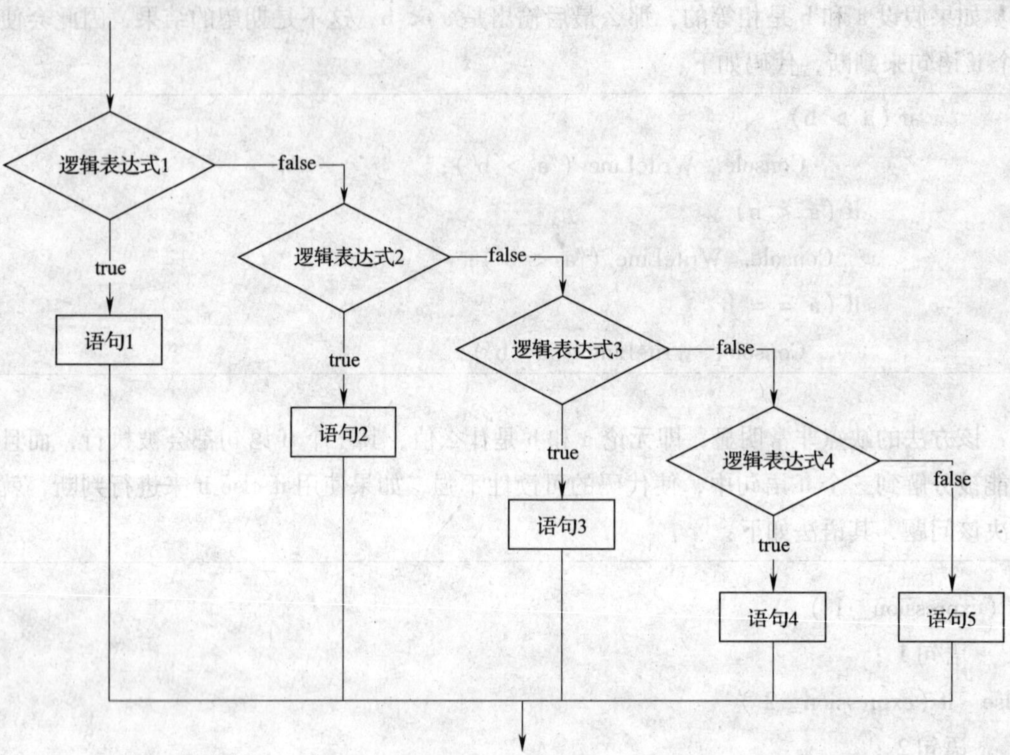

图 2—12　if else if 结构

当多分支结构中有多个表达式同时满足时，则只执行第一个与之匹配的语句，因此，要注意对多分支表达式的书写次序，以防止某些值被过滤掉。

在学习了 if else if 语句后，前面的代码就可以修改如下：

```
if (a > b)
        Console. WriteLine ("a > b");
    else if (a < b)
Console. WriteLine ("a < b");
    else
        Console. WriteLine ("a == b");
```

接下来通过示例进行详细介绍：

【例 2—6】　已知输入某课程的百分制成绩 mark，要求显示对应于 5 级制的评定，评定条件如下：

$$
\text{等级}=\begin{cases}\text{优} & mark\geqslant 90\\ \text{良} & 80\leqslant mark<90\\ \text{中} & 70\leqslant mark<80\\ \text{及格} & 60\leqslant mark<70\\ \text{不及格} & mark<60\end{cases}
$$

根据评定条件，得到的程序代码如下：

```
Using System;
class Program
{
    static void Main ()
    {
        string str1;
        double score;
        Console. WriteLine ("请输入成绩:");
        str1 = Console. ReadLine ();
        score = Convert. ToDouble (str1);

        if (score > = 90) //        score > = 90 时
            Console. WriteLine ("优 !");
        else if (score > = 80) //       80 < = score < 90  时
            Console. WriteLine ("良 !");
        else if (score > = 70) //       70 < = score < 80  时
            Console. WriteLine ("中 !");
        else if (score > = 60) //       60 < = score < 70  时
            Console. WriteLine ("及格 !");
                        //
    else                                score < 60  时
            Console. WriteLine ("不及格 !");
    }
}
```

程序运行时，如果输入测试数据 87，运行结果如图 2—13 所示。

在上面执行的过程中，首先判断 score > =90 是否成立，由于 score 为 87，不成立则执

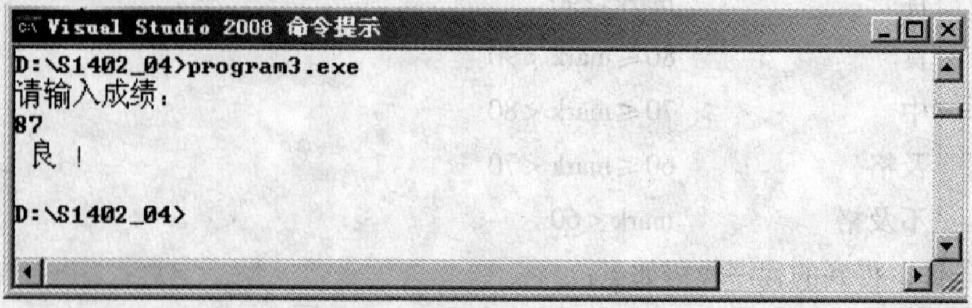

图 2—13　成绩评定运行结果

行 else if (score > = 80)，由于 score > =90 不成立，则这个时候 score 肯定小于 90，所以在这里不用写成 else if (score > = 80 && score <90)，由于输入的值为 87，该逻辑运算成立，因此在屏幕中显示“良”。而后续的语句将不再执行，程序结束。

【例 2—7】　接收到用户从键盘输入一个字符后，判断该字符是大写字母、小写字母还是数值。

本段程序要求判别从键盘输入字符的类别，对于判断字符类型的题目，可以根据输入字符判别类型。

类型的分类有以下几个：

位于“0”和“9”之间的为数字。

位于“A”和“Z”之间为大写字母。

位于“a”和“z”之间为小写字母。

其余为其他字符。

此类题目属于典型的多分支选择结构，适宜用 if　else　if 语句编写，通过判断输入字符所在的范围，给出相应的结果。如在本例中输入字符“g”时，屏幕应该输出“This is a small letter”的提示信息。语句代码如下：

```
Using System;
class Program
{
    static void Main ()
    {
        char c;
        Console. WriteLine ("请输入一个字符:");
        c = (char) Console. Read ();
        if (c > = '0' && c < ='9')      //输入字符码值在字符 '0' - '9' 之间
```

```
            Console. WriteLine (″This is a digit \ n″);
        else if (c > ='A' && c < ='Z') //输入字符码值在字符 'A' - 'Z' 之间
            Console. WriteLine (″This is a capital letter \ n″);
        else if (c > ='a' && c < ='z') //输入字符码值在字符 'a' - 'z' 之间
            Console. WriteLine (″This is a small letter \ n″);
        else                                      //其他情况
            Console. WriteLine (″This is an other character \ n″);
    }
}
```

其运行结果如图 2—14 所示。

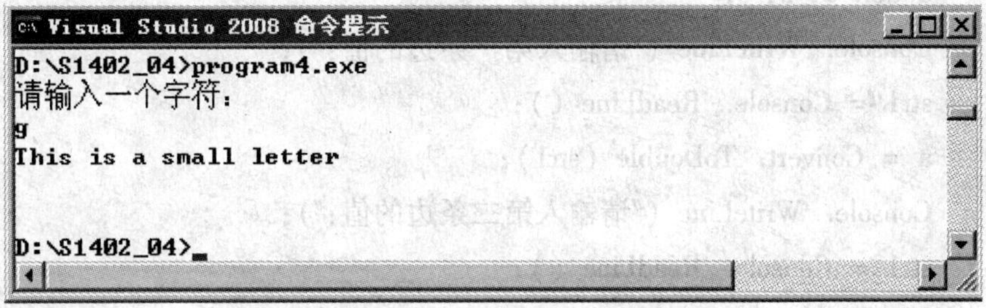

图 2—14　字符判断运行结果

3. IF 嵌套

前文中已经介绍了 if 语句、if else 语句以及 if else if 语句，如果 if 分支中的语句还有一个 if 语句，通常称为 if 嵌套语句。

【例 2—8】　用三角形这个示例来讲解 if 嵌套语句的使用。假定输入三个数据 a、b、c（其数据都是大于0），判断是否能够构成三角形，如果可以构成三角形，判断是否是直角三角形。

对于该示例，从数学概念的角度，三条边要构成三角形，必须满足任意两条边之和大于第三边的条件；在这里用 a、b、c 分别表示三角形的三条边，因此可以写成：

a + b > c && b + c > a&& c + a > b

而更清晰的表述方法可以是：

(a + b) > c && (b + c) > a && (c + a) > b

如果三角形条件成立，则判断是否是直角三角形，并计算直角三角形的面积，判断直角三角形的概念为：任意两边的平方之和等于第三边的平方。可以写成

a * a = = b * b + c * c | | b * b = = a * a + c * c | | c * c = = a * a + b * b

而更清晰的表述方法可以是：

(a*a == b*b + c*c) || (b*b == a*a + c*c) || (c*c== a*a +b*b)

其实现代码如下：

```
using System;
class Program
{
    static void Main ( )
    {
        string str1;
        double a, b, c;
        Console. WriteLine ("请输入第一条边的值:");
        str1 = Console. ReadLine ( );
        a = Convert. ToDouble (str1);
        Console. WriteLine ("请输入第二条边的值:");
        str1 = Console. ReadLine ( );
        b = Convert. ToDouble (str1);
        Console. WriteLine ("请输入第三条边的值:");
        str1 = Console. ReadLine ( );
        c = Convert. ToDouble (str1);
        if (a + b > c && b + c > a && c + a > b)
        {
        if ( (a * a == b * b +c * c) || b * b == a * a +c * c || c * c == a * a + b * b)
            {
                Console. WriteLine ("a = {0} , b = {1} , c = {2} 三边能够组成直角三角形", a, b, c);
            }
        }
    }
}
```

当输入 3，4，5 的时候，其运行效果如图 2—15 所示。

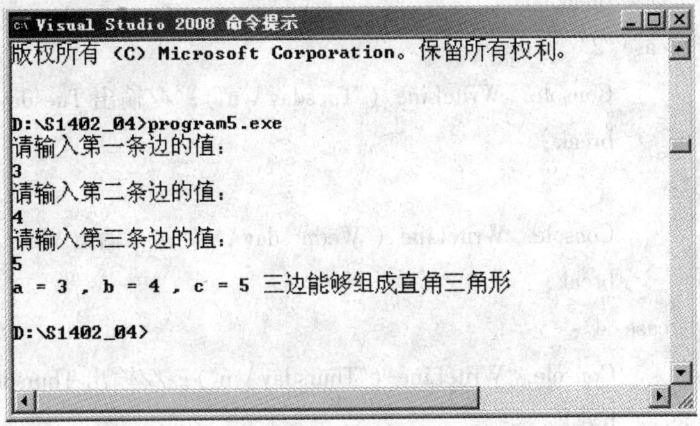

图 2—15　IF 嵌套运行结果

4. Switch 语句

虽然用 if else 语句可以实现多分支选择，但当分支较多时，程序结构依然会十分复杂，降低程序的可读性；为了使语句更为清晰易懂，C#语言还提供了另一种用于描述多分支选择结构的 switch 语句，该语句又称为开关语句。

Switch 语句与 if 语句十分相似，因为它是根据测试的值有条件地执行代码。但是，switch 语句可以一次将测试变量与多个值进行比较，而不是仅测试一个条件；这种测试仅限于离散的值，而不是像 if 语句中的大于 x 这样的语句，所以它的用法和 if 有所不同，而且 switch 执行完代码块后，需要 break 语句跳出并继续执行 switch 语句后的代码。

【例 2—9】　用户输入 1 至 7 的数字，程序根据数字对应输出星期几。

```
using System;
class Program
{
    static void Main ( )
    {
        string str1;
        Console. WriteLine ("请输入 1 至 7 的值:");
        str1 = Console. ReadLine ( );
  switch (str1)
      {
          case "1":
                Console. WriteLine ("Monday \ n"); //输出 Monday (星期一)
```

```
                    break;
                case "2":
                    Console. WriteLine ("Tuesday \ n"); //输出 Tuesday (星期二)
                    break;
        case "3":
                    Console. WriteLine ("Wednesday \ n"); //输出 Wednesday (星期三)
                    break;
                case "4":
                    Console. WriteLine ("Thursday \ n"); //输出 Thursday (星期四)
                    break;
                case "5":
    Console. WriteLine ("Friday \ n"); //输出 Friday (星期五)
                    break;
                case "6":
                    Console. WriteLine ("Saturday \ n"); //输出 Saturday (星期六)
                    break;
                case "7":
                    Console. WriteLine ("Sunday \ n"); //输出 Sunday (星期日)
                    break;
                default:
                    Console. WriteLine ("error \ n");
                    break;
            }
        }
    }
```

当输入 3 的时候，str1 等于 3，这个时候 str1 是一个字符串，所以在 case 后面也需要使用字符串常量；然后 switch 进行比较，由于 str1 等于 3，所以执行 case“3”的代码，并执行 break 退出 switch 语句块，程序结束，结果如图 2—16 所示。

需要注意的是：switch 语句的主导类型（governing type）由 switch 表达式确定。如果 switch 表达式的类型为 sbyte、byte、short、ushort、int、uint、long、ulong、char、string，或枚举类型，那么这就是 switch 语句的主导类型，否则，必须有且只有一个用户定义的从 switch 表达式的类型到下列某个可能的主导类型的隐式转换：sbyte、byte、short、ushort、

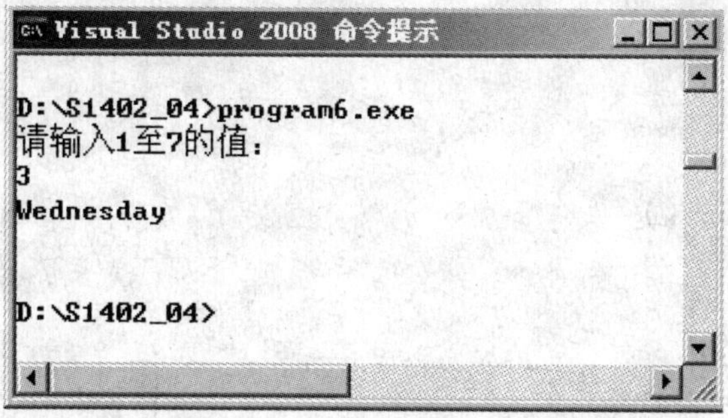

图 2—16　Switch 语句运行结果

int、uint、long、ulong、char、string。如果不存在这样的隐式转换，或者存在多于一个这样的隐式转换，则会发生编译错误。

每个 case 标签的常量表达式的值必须属于这种类型：它可以隐式转换为 switch 语句的主导类型。如果同一 switch 语句中的两个或更多个 case 标签指定同一个常数值，则会导致编译错误。一个 switch 语句中最多只能有一个 default 标签。

六、循环结构

1. While 循环

使用 while 循环语句，当满足条件时，程序控制进入 while 循环语句块，当执行结束后将会再次计算条件，如果条件还是满足就继续执行 while 循环语句块，直到内部将某些数据改变导致条件不成立时，程序才会继续往下执行。其流程图如图 2—17 所示。

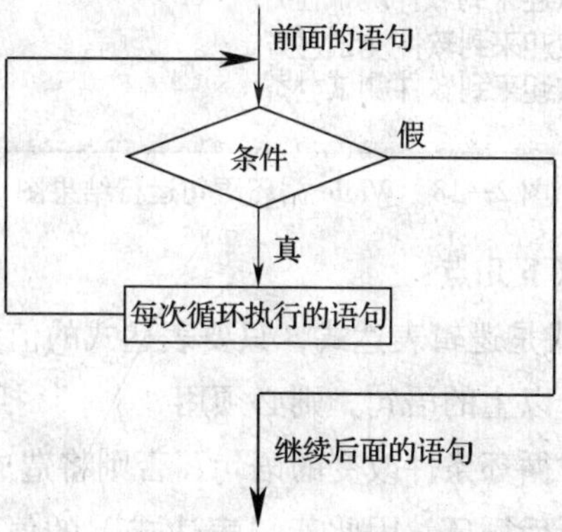

图 2—17　while 循环语句流程图

【例 2—10】　如果想要连续输出“欢迎来到软件测试世界”5 次，如果使用 C#常规输出语句，将需要重复写 5 次语句，而通过 While 循环语句，仅需定义一个变量存放输出的次数，代码如下：

```
using System;
class Program
{
    static void Main ( )
    {
        int counter;
        counter = 0;
        while (counter <5)
        {
            Console. WriteLine ("欢迎来到软件测试世界!");
            counter ++ ;
        }
    }
}
```

其运行结果如图 2—18 所示。

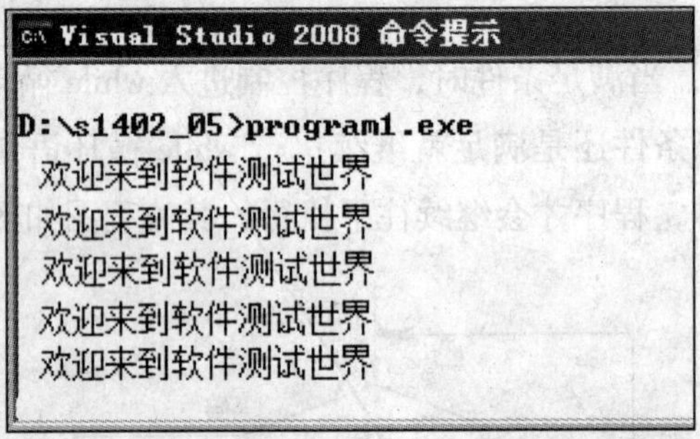

图 2—18　While 循环语句运行结果图

使用 while 语句应注意以下几点：

- while 语句中的表达式是逻辑表达式，只要表达式的值为真即可继续循环。
- 循环体如包括有一个以上的语句，则必须用“{ }”括起来，组成复合语句。
- 在循环体中必须有对循环条件改变的语句，否则将造成死循环。
- 该循环结构是先判断后循环，因此若“表达式”的值一开始就为 false，则循环体一次也不执行。
- 不要在 while ( ) 后面跟“;”，若在 while 后直接跟“;”，该循环体为空语句。

2. Do While 循环

do - while 语句是 while 语句的变形，区别在于 while 语句先判断后执行循环体，有可能循环体一次也不执行。

do - while 语句是先循环后判断，循环体语句至少执行一次。

【例 2—11】 使用 do while 循环来计算数字 1 到数字 100 的和。其代码如下：

```
using System;
class Program
{
    static void Main ()
{
int i, sum;
i = 1; sum = 0;
do
        {
            sum  + = i;
          i ++ ;
        } while (i  < = 100);
      Console. WriteLine ("1 到 100 的和为: {0}", sum);
    }
}
```

运行结果如图 2—19 所示。

图 2—19 Do While 循环语句运行结果

3. For 循环

for 循环一般用于已知循环次数的循环结构中，但在 C#语言中，for 语句的使用非常灵活。

该循环的一般形式为：

```
For (initialization; Boolean expression ; update)
    statements ;
```

该语句的执行过程是：

第一步：initialization（初始化），只执行一次。

第二步：Boolean expression（布尔表达式），如果布尔表达式为 true，就执行循环体，为 false 的时候，跳出循环。

第三步：执行循环体。

第四步：执行更新（update）。

第五步：再次执行 Boolean expression（布尔表达式），如果布尔表达式再次为 ture，循环体将再次被执行，控制变量更新，布尔表达式将再次求值，以此类推。图 2—20 显示了 for 循环的工作原理。

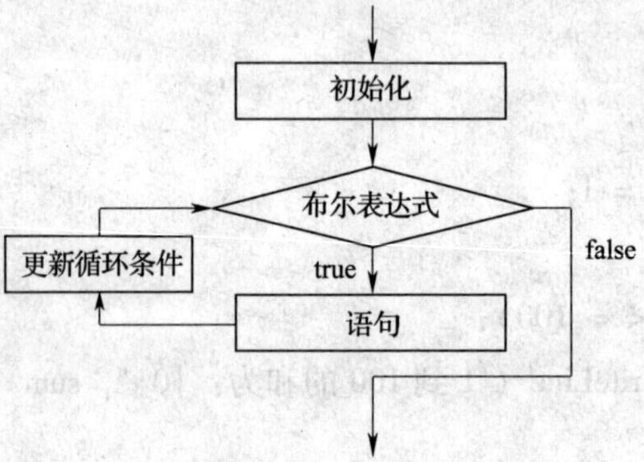

图 2—20　for 循环

for 语句的 3 个部分都可以省略。如果省略了布尔表达式，那么布尔表达式就默认为 true。这个时候，如果循环体内没有跳出循环语句，那么该循环将永远执行下去。代码如下：

```
for (int i = 0; ; i++)
    {
    Console. WriteLine ("hello everyone")
    }
```

如果省略初始化和更新部分，得到的循环将如下所示，其形式和 while 差不多。

```
int i = 0 ;
    for ( ; i < 1 ;)
    {
    Console. WriteLine ("hello wish student");
        i++;
    }
```

如有必要，可以在一个 for 循环中提供多个初始化语句和多个更新语句，但是布尔表达式只能有一个，因此只需要使用逗号“,”分隔不同的初始化和更新语句，语句如下：

```
for (int i = 0 , j = 10 ; i < 10 ; i++ , j--)
  {
  Console. WriteLine ("i = {0}, j = {1}", i, j);
  }
```

对于初始化部分声明一个变量，还需要注意该变量的作用域限制在 for 语句的主体中，一旦 for 语句结束，变量就会消失，这个规则造成了以下两个非常重要的结果。

第一，循环变量不能再在语句结束后使用这个变量，因为它不在作用域中，语句如下：

```
for (int i = 0 ; i < 10 ; i++)
  {
      Console. WriteLine (i);
  }
  Console. WriteLine (i); //编译时错误。
```

第二，循环变量可连续应用在多个 for 语句，并且使用相同的变量名，语句如下：

```
for (int i = 0 ; i < 10 ; i++)
  {
      Console. WriteLine (i);
  }
  for (int i = 0 ; i < 10 ; i++)
  {
      Console. WriteLine (i);
  }
```

这是因为，每个变量都在一个不同的作用域中。

【例 2—12】 将大写和小写的 ASCII 码制成表格输出，使每个字符与其编码值对应起来，每行打印 7 个字符。先输出大写，然后输出小写。

程序分析：在 ASCII 码中，大写字母字符的编码值为 65 到 90，小写字母字符的编码值为 97 到 122，可通过将编码值赋值给字符型变量 c 转换成对应的字符并输出。代码如下：

```
using System;
class Program
{
    static void Main ()
     {
        char c ;
        Console. WriteLine ("\t\t ASCII 码大写英文字母对照表");
        for (int i = 1, asci = 65; asci <= 90; i++, asci++)
         {
            c = (char) asci;
            Console. Write ("{0} = {1} \t", asci, c);
            if (i % 7 == 0)          Console. WriteLine ();
        }
        Console. WriteLine (); //换行
        Console. WriteLine ("\t\t ASCII 码小写英文字母对照表");
        for (int i = 1, asci = 97; asci <= 122; i++, asci++)
         {
            c = (char) asci;
            Console. Write ("{0} = {1} \t", asci, c);
            if (i % 7 == 0)
              {
                Console. WriteLine ();
             }
        }
    }
}
```

其输出结果如图 2—21 所示。

使用 for 循环语句需要注意以下几点：

- for 循环和 while 循环一样是先判断后执行循环体。
- 初始化只发生一次。

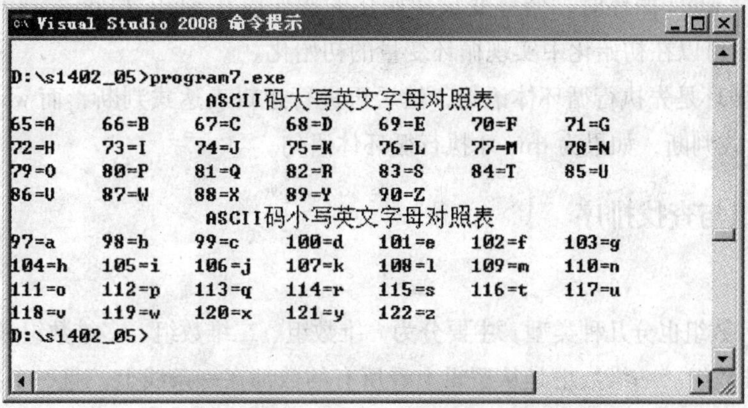

图 2—21 for 循环语句运行结果

• for 语句的初始化、布尔表达式和更新控制变量这 3 个部分之间必须使用分号“;”来分隔。

4. Foreach 循环

C# 引入了一种称为 foreach 循环的新循环类型，它与 Visual Basic 的 For Each 相似；对于支持 IEnumerable 接口的容器类（如数组），可以使用 foreach 循环来循环访问其中的每一项。

以下代码演示如何使用 foreach 语句输出数组的内容：

```
static void Main ()
{
    string [] arr = new string [] {"Jan", "Feb", "Mar"};
    foreach (string s in arr)
      {
        System. Console. WriteLine (s);
      }
}
```

foreach 语句为数组或对象集合中的每个元素重复运行一个嵌入语句组，用于循环访问集合以获取所需信息，但不用于更改集合内容以避免产生不可预知的副作用。

5. 几种循环的比较

以上介绍的三种循环都可以用来处理同一个问题，一般可以互相代替。

while 和 do - while 循环，循环体中应包括使循环趋于结束的语句。for 语句功能最强。

用 while 和 do－while 循环时，循环变量初始化的操作应在 while 和 do－while 语句之前完成，而 for 语句可以在初始化中实现循环变量的初始化。

do while 循环是先执行循环体语句，然后再进行逻辑表达式判断，而 while 和 for 是先进行逻辑表达式判断，如果为 true 才执行循环体语句。

七、数组与查找排序

1. 数组

在 C#中，数组也分几种类型，主要分为一维数组、二维数组、多维数组和交错数组。

（1）一维数组。一维数组是从逻辑上看所有的数都在一条线上，且一个接一个的连续存储的若干相同类型的变量的集合。如图 2—22 所示就是一个一维数组。

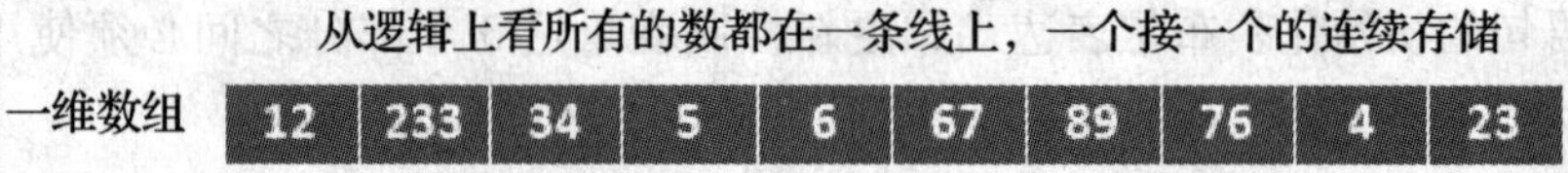

图 2—22　一维数组

1）数组声明。如果单纯给一个数组取名字，而不是直接创建，那么声明方法为：

数据类型 [ ] 数组名；

例如：int [ ] StudentScores；

2）数组创建。如果在一开始就知道数组的长度，也可以在声明数组变量的同时指定其数组长度，语法为：

数据类型 [ ] 变量名 ＝ new 数据类型 [你要定义的数组长度]；

例如：int [ ] StudentsScores = new int ［10］；

如图 2—23 所示显示了两类数组定义的区别：

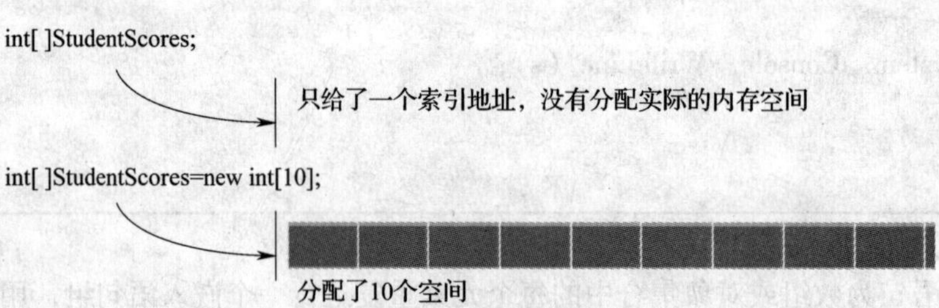

图 2—23　两类数组定义的区别

（2）二维数组。在前文中介绍的一维数组可以为程序的编写提供很多便利，但是一维数组并不适用于所有情况。例如，要管理一个班级 30 个学员，可以把学员编成 1 到 30 号，从而创建一个数组来保存，但现在有 2 个班级，每个班级都各自有独立编号，如一班学生编为 1 ~ 30 号；二班的学生也是 1 ~ 30 号，如何管理这些班级？

对于两个班级，可以建立两个一维数组，但是如果全校 40 个班级都要进行管理，只用一维数组就很困难了。此时就需要建立二维数组来解决该问题。如图 2—24 所示就是一个典型的二维数组。

	学生1	学生2	学生3	学生4	学生5	学生6	……	学生30
班级1	100	86	78	65	45	84	86	99
班级2	86	78	65	45	84	86	99	93
班级3	78	65	45	78	65	45	84	86

图 2—24　二维数组

二维数组的声明和创建语法：

数据类型 [,] 二维数组名 = new 数据类型 [第一维的长度，第二维的长度]；

如果要在编程中反映上图中的数组，应该进行如下定义：

int [,] Scores = new int [3, 30]; //定义了一个 3 行 30 列的二维表格。

二维数组有几个非常重要的属性和方法：

1）Rank 属性表示秩或者维数。但是由于 C#是从 0 开始数，所以 Rank 值比实际的维数少 1。如一个 3 × 30 的二维数组，它的 Rank 值就是 2。

2）Length 属性代表二维数组中的所有元素数。例如一个 3 × 30 的二维数组，它的 Length 就是 90。

3）GetLength（int i）方法用于获取指定维 i 的长度。例如一个二维数组，第一维指行数，第二维指列数，因此 GetLength（0）代表行数，GetLength（1）代表列数。

如果要遍历一个二维数组，代码如下：

```
using System;
public class Test
{
    public static void Main ()
    {
        int [,] Scores = new int [3, 30];
        int RowsCount = Scores. GetLength (0); //计算行数
        int ColsCount = Scores. GetLength (1); //计算列数
        for (int row = 0; row < RowsCount; row++)
        {
```

```
        for (int col = 0; col < ColsCount; col++)
        {
            Console.WriteLine (Scores [row, col]);
        }
    }
  }
}
```

2. 数组元素的顺序查找

实现数组元素的顺序查找仅需要一个 for 循环。

```
Using System;
class Program
{
  static void Main (string [] args)
    {
      int [] list =new int [] { 1, 5, 3, 6, 10, 55, 9, 2, 87, 12, 34, 75, 33, 47 };
     //如果要查找数字12
     for (int i = 0; i < list. Length; i++)
     {
        if (list [i] == 12)
            Console. WriteLine (list [i]);
     }
  }
}
```

3. 二分查找

相对于顺序查找，二分查找的速度有所改进，二分查找的算法如下：

将有序数列的中点设置为比较对象，如果要找的元素值小于该中点元素，则将待查序列缩小为左半部分，否则为右半部分。即通过一次比较，将查找区间缩小一半，这就是二分查找（Binary Search）。

二分查找是一种高效的查找方法，它可以明显减少比较次数，提高查找效率。但是，二分查找的先决条件是查找表中的数据元素必须有序。

根据上述的分析，下面给出完整的代码：

```
using System;
```

```
using System. Collections. Generic;
using System. Text;

namespace BinschDemo
{
    public class BinschDemo
    {
        public static int Binsch (int [ ] a, int key)
        {
            int low = 1;
            int high = a. Length;
            while (low < = high)
            {
                int mid = (low + high) / 2;
                if (key = = a [mid])
                {
                    return mid;    //返回找到的索引值
                }
                else
                {
                    if (key < a [mid])
                        high = mid - 1;
                    else
                        low = mid + 1;
                }
            }
            return -1; //查找失败
        }
        static void Main (string [ ] args)
        {
            Console. WriteLine ("请输入 10 个递增数字: ");
            int [ ] list = new int [10];
```

```
            for (int i = 0; i < 10; i++)
            {
                Console.Write("数字{0}：  ", i);
                list[i] = Convert.ToInt32(Console.ReadLine());
            }
            Console.Write("请输入一个你要查找的数字:");
            int find = Convert.ToInt32(Console.ReadLine());
            int result = Binsch(list, find);
            Console.WriteLine(result);
        }
    }
}
```

运行结果如图 2—25 所示。

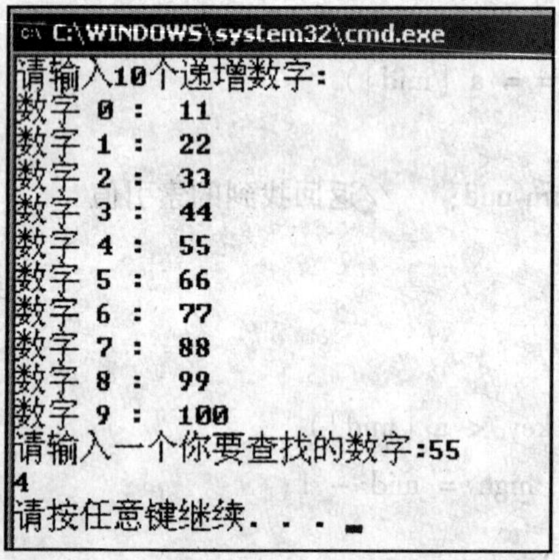

图 2—25　二分查找运行结果

4. 冒泡排序

冒泡排序（Bubble Sort）是最直观的排序方法，冒泡排序的基本思想是：

（1）依次比较相邻的两个数，将大数放在前面，小数放在后面（也可以将小数放在前面，将大数放后面，只不过算法实现上略有变化）。即首先比较第 1 个和第 2 个数，将大数放在前，小数放在后。然后比较第 2 个数和第 3 个数，将大数放前，小数放后。

（2）继续重复第 1 步，直至比较最后两个数，将大数放在前，小数放在后，此时第一遍比较结束，这样一轮排序的结果就是在最后的数必是所有数中最小的数。

（3）重复以上 1 ~ 2 步，仍从第一对数开始比较（因为可能由于第 2 个数和第 3 个数的交换，使得第 1 个数不再大于第 2 个数），将大数放在前，小数放在后，一直比较到最小数前的一对相邻数，将大数放在前，小数放在后，第二次结束，在倒数第二个数中得到一个新的最小数。如此下去，直至最终完成排序。

由于在排序过程中总是大数往前放，小数往后放，相当于气泡往上升，所以称作“冒泡排序”。

从这个基本思路可以很容易使用二重循环实现数组运算，假设数组 a 有 10 个元素，那么写两个嵌套的 for 循环，外循环变量设为 i，内循环变量设为 j；外循环重复 9 次，内循环依次重复 9 次，8 次，. . . ，1 次，每次进行比较的两个元素都是与内循环 j 有关的，它们可以分别用 a［j］和 a［j+1］标识，i 的值依次为 1，2，. . . 9，对于每一个 i，j 的值依次为 1，2，. . . 10－i。

C#代码实现如下：

```
using System;
class Program
 {
    static void Main (string [ ] args)
     {
        int temp;
        int [ ] num = new int [ ] { 1, 2, 3, 4, 6, 5};

        //冒泡排序：
        //第一重循环表示要冒泡的次数，注意数组越界问题......
        for (int i = 0; i < num. Length; i + +)
         {
            for (int j = 0; j < num. Length -1; j + +)
             {
                if (num [j] > num [j + 1])    //将每相邻的两个数相比
                 {
                    temp = num [j];
                    num [j] = num [j + 1];
                    num [j + 1] = temp;
                 }
                Console. Write (num [j] +"");
```

```
            }
            Console. WriteLine ();
        }
    }
}
```

运行结果如图 2—26 所示。

从图 2—26 中可以发现，由于数据顺序已经完全排好，但是基本的冒泡排序算法并没有停止，而是继续进行比较，直到双层 for 循环全部运行完毕，因此在该情况下后面的几次排序都是一种无用功。

5. 选择排序

每一次从待排序的数据元素中选出最小（或最大）的一个元素，顺序放在已排好序的数列的最后（或最前），直到全部待排序的数据元素排列完毕，因为每次都是选择最大或者最小的元素，所以被称为选择排序（Selection Sort），如图 2—27 所示。

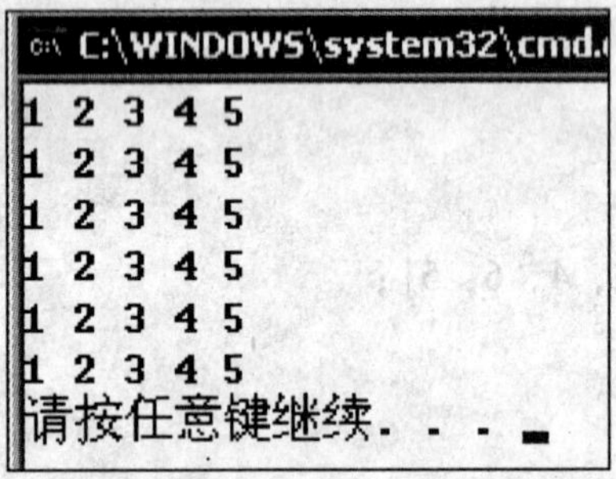

图 2—26　冒泡排序运行结果

图 2—27　选择排序

选择排序的 C#代码实现如下：

```
using System;
class Program
{
    static void Main (string [] args)
    {
        int min;
        int [] list = new int [] { 1, 5, 3, 6, 10, 55, 9, 2, 87, 12, 34, 75, 33, 47 };

        for (int i = 0; i < list. Length - 1; ++i)
```

```
        {
            min = i;
            for (int j = i +1; j < list. Length; + +j)
              {
                if (list [j] < list [min])
                     min = j;
              }
            int t = list [min];
            list [min] = list [i];
            list [i] = t;
        }
      for (int m = 0; m < = 13; m+ +)
            Console. Write (list [m] + " ");
    }
}
```

6. 插入排序

在一个已经有序的数据序列中，要求在这个已经排好的数据序列中插入一个数，但要求插入后此数据序列仍然有序，这个时候就要用到一种新的排序方法——插入排序法(Insertion sort)，如图2—28 所示。

排序前：92 77 67 86 84 55 85 43 67

1. [77 92] 67 8 6 84 55 85 43 67将77插入92前
2. [67 77 92] 8 6 84 55 85 43 67将67插入77前
3. [8 67 77 92] 6 84 55 85 43 67将8插入67前
4. [6 8 67 77 92] 84 55 85 43 67将6插入8前
5. [6 8 67 77 84 92] 55 85 43 67将84插入92前
6. [6 8 55 67 77 84 92] 85 43 67将55插入67前
7. [6 8 55 67 77 84 85 92] 43 67 ......
8. [6 8 43 55 67 77 84 85 92] 67 ......
9. [6 8 43 55 67 67 77 84 85 92] ......

图2—28　插入排序

完成 C#插入排序代码如下：

```
using System;
using System. Collections. Generic;
```

```
using System. Linq;
using System. Text;

namespace 插入排序的算法
{
    class Program
    {
        static void Main (string [] args)
        {
            int [] arr = new int [] {1, 5, 3, 6, 3, 8};

            for (int i = 1; i < arr. Length; i++)
            {
                int t = arr [i];
                int j = i;
                while ( (j > 0) && (arr [j - 1] > t))
                {
                    arr [j] = arr [j - 1];
                    --j;
                }
                arr [j] = t;
            }

            foreach (int m in arr)
            {
                Console. WriteLine (m);
            }
            Console. ReadLine ();
        }
    }
}
```

上述插入排序运行的结果是：1 3 3 5 6 8。

八、继承

1. 继承的概念和优势

“继承”（Inheritance）是面向对象软件技术当中的一个重要概念，如果一个类 A 继承自另一个类 B，就把这个 A 称为“B 的派生类”，而把 B 称为“A 的基类”；继承可以使得派生类具有基类的各种属性和方法，而不需要再次编写相同的代码；在派生类继承基类的同时，可以重新定义某些属性，并重写某些方法，即覆盖基类的原有属性和方法，使其获得与基类不同的功能。

注意：在 C#语言中不支持多重继承，也就是说不允许从多个类继承，只能从一个类继承，但是可以通过接口实现多重继承的功能。

现实中，通常会遇到的很多实体都有继承的含义。例如，若把汽车看成一个实体，它可以分成多个子实体，如：卡车、公共汽车等。这些子实体都具有汽车的特性，如每辆汽车都有发动机、悬挂系统、方向盘等。因此，汽车可以看做是它们的“父亲”，而这些子实体则是汽车的“孩子”。

派生类将获取基类的所有非私有数据和行为以及派生类为自己定义的所有其他数据或行为，因此，派生类具有两个有效类型，即派生类的类型和它继承的类的类型。此概念可以这样理解：一辆保时捷跑车既是一种汽车，同时也是一种跑车。既可以把它当作普通汽车来驾驶，也可以把它当作保时捷跑车来驾驶；只不过把它当作普通汽车来驾驶的时候就无法发挥保时捷原有的性能，如果把它当作普通车来驾驶，慢慢加速，也许 20 s 后才将速度提升到 100 km/h，但是如果把它当作跑车来驾驶，可以尽情地发挥其特有的性能，在 4 s内加速到 100 km/h；但是把一辆普通汽车，如奇瑞 QQ 当作跑车来驾驶是肯定不行的，无论如何也不可能将速度在 4 s 内提升到 100 km/h。

这个例子告诉我们，派生类有时候可以当作基类来用，只不过暂时抛弃了派生类的一些特性而已，但是基类是没办法当作派生类来用的。在编程中应用继承的概念可以大大简化程序代码，因为重复的内容都已经从基类中默认隐式继承下来，一般不需要重复编写。因为继承所具有的重要作用，所以在编写程序时通常会首先考虑如何应用继承的问题。一般来说，同类事物具有共同性，在同类事物中，每个事物又具有其特殊性。运用抽象的原则是暂时舍弃对象的特殊性，抽取其共同性，则得到一个适应于一批对象的类，这便是基类，而把具有特殊性的类称为派生类，派生类的对象拥有其基类的全部或部分属性与方法，称作派生类对基类的继承。

2. 继承的实现

类可以从其他类中继承，通常按以下方式实现：在声明类时，在类名称后放置一个冒号，然后在冒号后指定要从中继承的类（即基类）。

【例 2—13】

```
public class A
{
    public A () { }
}
public class B : A
{
    public B () { }
}
```

在例 2—13 中，类 B 继承自类 A，A 称为 B 的基类，B 称为 A 的派生类。原则上来说，类允许多层继承，也就是说如果还有比 B 特殊的类 C，那么 C 也可以继续从 B 继承下来，这样 C 就拥有 A 和 B 的一些属性和方法。代码如下：

```
public class C : B
{
    public C () { }
}
```

前文已说明 C#只支持单继承，因此编写如下代码则是错误的：

```
public classC : A , B
{
    public C () { }
}
```

可以说，继承是 OOP（面向对象编程）最重要的特性之一，任何类都可以从另一个类继承，这就是说，这个类拥有它继承的类的所有成员；在 OOP 中，被继承（也称为派生）的类称为父类（也称为基类）。

继承性可以从一个基类扩展或创建其他很多特定类。例如，在农场中有 Cow（牛）和 Chicken（鸡）这样的实实在在的类，而 Animal（动物）只不过是这些类进行泛化而得到的一个基类，它包含了一些实际中使用的类所带有的共同的属性和方法。考虑一个农场家畜的类，将这个泛化后的类叫做 Animal，该类拥有两个成员数据变量 Name、Age 和两个方法 Eatfood（）、Breed（）。然后，开始创建一个派生类 Cow，由于它从 Animal 类派生，所以它继承了 Animal 所带有的一些方法和属性。Cow 也有一些自己独特的属性，可以把这些放在派生类中，如奶牛所特有的 Moo（叫声）和 Supplymilk（产奶），还可以给它加上一些数据成员，如当天的产奶量和累计产奶量等；还可以创建另外一个派生类 Chicken，该类可以有 Cluck（）方法和 Layegg（）方法。在 UML（统一建模语言）的类图中，使用箭头表示泛化，如图 2—29 所示。

在 vs2005 中创建这样的类图，然后可以通过类图来生成代码，具体方法如下：

（1）创建一个工程，vs2005 会自动创建一个 Program. cs 文件，在该文件中有一个 Program类，该类中只包含一个 Main 函数。

（2）选中工程名，单击鼠标右键，可以看到一个菜单，单击菜单中的“查看类关系图”，如图 2—30 所示。

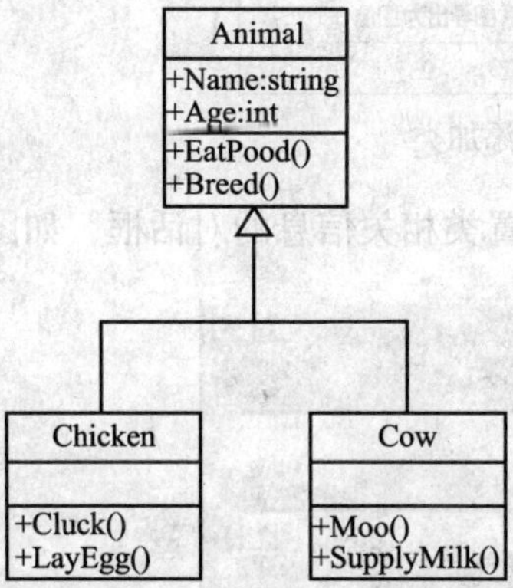

图 2—29　继承的实现

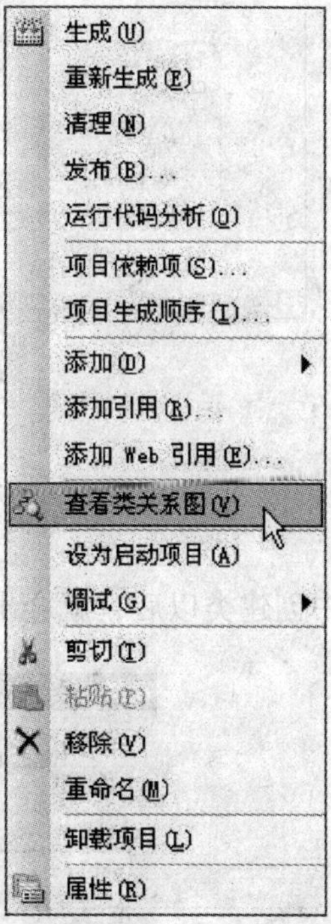

图 2—30　选中“查看类关系图”

（3）此时在 vs 2005 中会出现一个界面，该界面就是 vs 2005 下绘制简单类图的界面。如图 2—31 所示，可以保存该文件。

（4）在图 2—31 中单击鼠标右键即可添加想要创建的类，如图 2—32 所示。

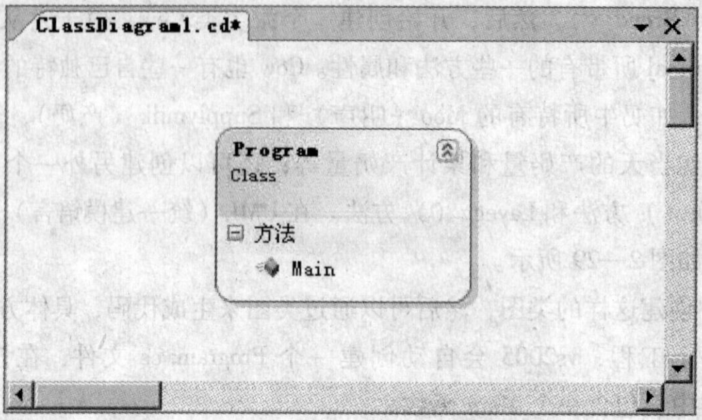

图 2—31 绘制简单类图的界面

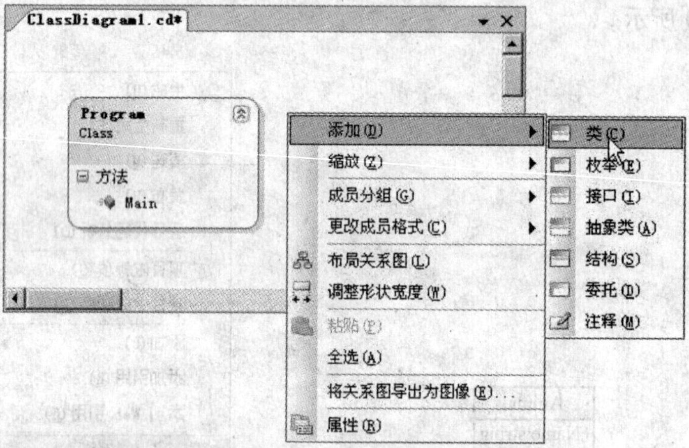

图 2—32 添加类

（5）当选中创建类以后，就会出现一个设置类相关信息的对话框，如图 2—33 所示。

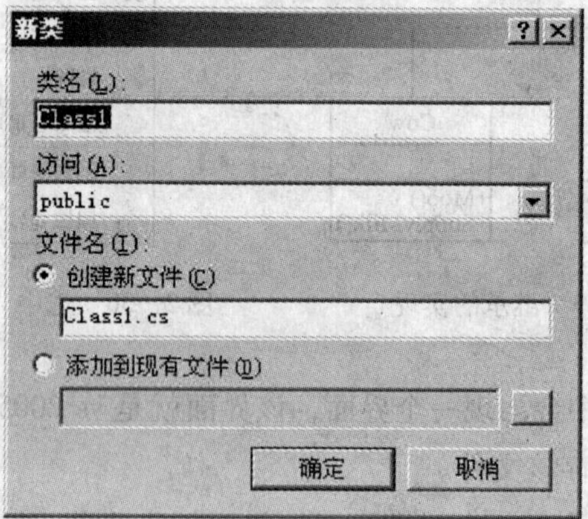

图 2—33 新类对话框

（6）图 2—33 所示对话框中把类名改为 Animal，然后按“确定”按钮。

（7）在类显示界面中，选中 Animal 类，在 vs2005 下方可以看见一个类详细信息设置框，在该框中，可以为该类设置数据成员和方法，如图 2—34 所示。

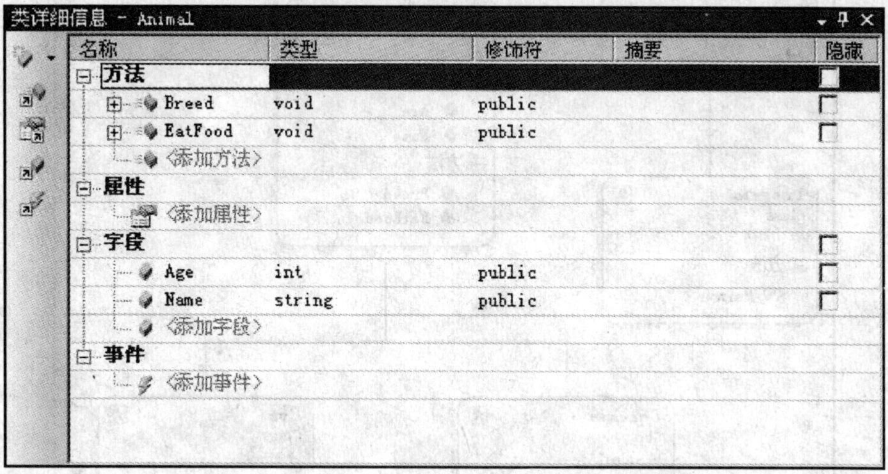

图 2—34　类详细信息设置框

（8）使用同样的方法创建类 Cow 和 Chicken，并设置好方法和属性，可以发现虽然创建好了 3 个类，但是它们之间还没有继承关系，接下来在工具箱中选中“继承”，如图 2—35 所示，然后为类设置继承关系。

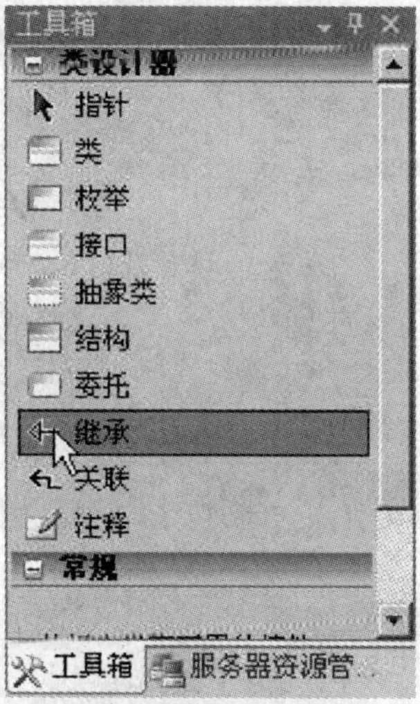

图 2—35　在工具箱中选中“继承”

（9）设置好以后，可以在类显示图中看到效果图，如图2—36所示。

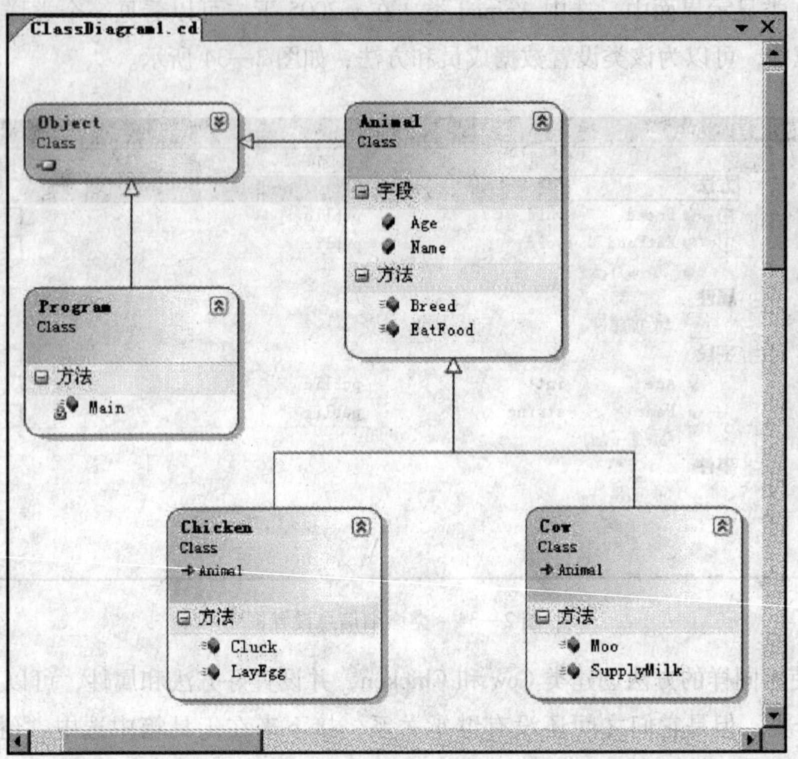

图2—36　类效果图

当创建好类效果图以后，相应的代码也实现了，实现代码如下：

```
using System;
using System. Collections. Generic;
using System. Text;

namespace S2305T03_ 04
{
    public class Animal
    {
        public string Name;
        public int Age;

        public void EatFood ( )
```

```
        {
            throw new System. NotImplementedException ( );
        }

        public void Breed ( )
        {
            throw new System. NotImplementedException ( );
        }
}

public class Cow: Animal
{
        public void Moo ( )
        {
            throw new System. NotImplementedException ( );
        }

        public void SupplyMilk ( )
        {
            throw new System. NotImplementedException ( );
        }
}

    public class Chicken : Animal
    {
        public void Cluck ( )
        {
            throw new System. NotImplementedException ( );
        }

        public void LayEgg ( )
        {
```

```
            throw new System. NotImplementedException ( );
        }
    }
}
```

分析以上代码可知，为了声明一个类从另一个类继承，需要使用以下语法：

```
class DerivedClass: BaseClass
{
  //code
}
```

DerivedClass 将从 BaseClass 类继承，同 Java 一样，C#允许一个类最多只能从另一个类继承，如果没有指定该类继承哪个类，那么该类就默认为继承 object 类，就像上面代码中的 Animal 和 Program 类。这样，Object 就变成了所有类的根，即所有类都派生于 Object 类。

3. Protected 关键字

在继承一个基类时，成员的可访问性就成为一个重要的问题，public 和 private 关键字代表了两种极端的可访问性；一个类的 public 字段和方法可由所有人访问，而一个类的 private 字段和方法只能由类本身访问。

假如只是单独的看一个类，那么这两种方法的可访问性已经足够了，然而正如面向对象的概念一样，孤立的类解决不了复杂的问题。继承是将不同的类联系在一起的一个重要方法，在派生类及其基类之间，明显存在着一种特别而紧密地关系。在实际中，经常需要让一个基类既允许派生类来访问它的部分成员，同时又不允许非继承它的类来访问。在这种情景下，就可以使用 protected 关键字来修饰其基类方法的可访问性。

派生类可以访问一个 protected 修饰的基类成员，也就是说，在派生类中，一个 protected 基类成员相当于 public 成员。

如果类不是一个派生类，就不能访问 protected 的类成员，也就是说，在不是派生类的一个类中，一个 protected 的类成员相当于 private 成员。

4. New 方法

在上面的代码中，Cow 和 Chicken 都从 Animal 类中继承了 Eatfood 方法，但是，有时继承过来的方法并不令人感到满意，需要修改该方法的功能，但是又不能直接修改基类的功能，因为修改基类的方法会导致其他派生类的功能发生问题，同时因为为该功能定义的名称是非常符合功能描述的，所以也不希望为该功能定义一个新的名称，这时需要重新编写该方法，在 C#中可以使用 new 重新编写方法。

new 在用作修饰符时，new 关键字可以显式隐藏从基类继承的成员，隐藏继承的成员意味着该成员的派生版本将替换基类版本；在不使用 new 修饰符的情况下隐藏成员是允许的，但会生成警告。

注：使用 new 显式隐藏成员会取消此警告。

5. Sealed 关键字

如果希望设计的类不能被别的类继承，可以使用 sealed 关键字来防止一个类被用作基类。

例如，声明一个波斯猫类，该类不想被别人继承，那么可以写为：

```
sealed class PersianCat：Animal
{
}
```

当然，也可以使用 sealed 关键字将一个单独的方法声明为密封方法。在此之后，一个派生类就不能覆盖密封方法。

九、异常处理

1. 异常

在 C#中，可以用异常处理的方法，使程序很容易地实现将程序主逻辑的代码与错误处理代码分离。

C#异常处理应用的是面向对象的技术，所有的异常都是从 System. Exception 继承而来，在. NET 框架下最常用的异常类有System. DivideByZeroException，System. InvalidOutOfRangeException，System. NullReferenceException 等。

2. Exception 类

此类是所有异常的基类，当发生错误时，系统或当前正在执行的应用程序，通过引发包含关于该错误信息的异常来报告错误，异常发生后，将由该应用程序或默认异常处理程序进行处理。

公共语言运行库提供一种异常处理模型，该模型基于对象形式的异常表示形式，并且将程序代码和异常处理代码分到 try 块和 catch 块中，可以有一个或多个 catch 块，每个块都设计为处理一种特定类型的异常，或者将一个块设计为捕捉比其他块更具体的异常。

异常类型支持以下功能：

(1) 描述错误的可读文本。当异常发生时，运行库产生文本消息通知用户错误的性质并提供解决该问题的操作建议。此文本消息保存在异常对象的 Message 属性中。在创建异常对象过程中，可以将文本字符串传递给构造函数以描述该特定异常的详细信息。如果没有向构造函数提供错误信息参数，则将使用默认错误信息。

（2）发生异常时调用堆栈的状态。StackTrace 属性包含可以用来确定代码中错误发生位置的堆栈跟踪。堆栈跟踪列出所有调用的方法和源文件中这些调用所在的行号。

基类 Exception 存在两类异常：从 SystemException 派生的预定义公共语言运行库异常类和从 ApplicationException 派生的用户定义的应用程序异常类。

Exception 包含很多属性，可以帮助标识异常的代码位置、类型、帮助文件和原因。如 Message 属性用来获取描述当前异常的消息。

3. Try、Catch 和 Finally

当在一个函数中遇到异常的时候，就会创建一个异常对象并在函数中被抛出(throw)。当然也可以在此函数中处理该异常。为了在函数中实现监视和处理异常的代码，C#提供了 3 个关键字：try、catch 和 finally。try 关键字后面的代码块称为一个 try 块，catch 后的代码块称为 catch 块，finally 形成一个 finally 块。

使用以下方法可写出处理异常的程序：

代码要放在一个 try 块中，代码运行时，它会尝试执行 try 块中的所有语句。如果没有任何语句产生一个异常，那么这些语句将一个接一个运行，直到全部完成。然而一旦出现异常，就会跳出 try 块，运行一个 catch 块处理程序。

在 try 之后紧接着写一个或多个 catch 处理程序，处理可能发生的错误。在 try 块中抛出的所有异常对象与下面的每个 catch 块进行比较，判断其中的 catch 块是否可以捕获此异常。

如果没有找到匹配的 catch 块，catch 块就不会被执行。非捕获的异常对象由运行 CLR 的缺省异常处理器处理，在此情况下，程序会突然终止。

finally 块中的代码总是被执行。

应注意，一个 try 块可以：

有一个或多个相关的 catch 块，无 finally 块；

有一个 finally 块，无 catch 块；

包含一个或多个 catch 块，同时有 finally 块。

4. 未处理的异常

如果一个 try 块抛出一个异常，但没有对应的 catch 处理程序，例如，如果把一个“12de”的字符串转换为 int 类型，在这种情况下，Int32. Parse 语句将会抛出一个 FormatException 异常，catch 处理程序如果没有与它相匹配，整个程序就会终止，并报告一个未处理的异常，如果在 vs2005 的“调试”模式中执行应用程序，调试器将接管应用程序，帮助判断造成异常的原因，示例代码如下：

```
using System;
using System. Collections. Generic;
using System. Text;

namespace S2305T07_ 01
{

    class Program
     {
        static void Main (string [ ] args)
         {
            try
             {
                int i = Int32. Parse ("12de");
             }
            catch (OverflowException ex)
             {
                Console. WriteLine (ex. Message);
             }
         }
     }
}
```

由于，当程序运行到 int i = Int32. Parse ("12de")；时，会抛出一个 FormatException 对象，而在 catch 中没有匹配的处理块，所以系统会自动弹出如图 2—37 所示的提示信息。

如果在运行的情况下程序抛出错误，CLR 就会捕捉到错误并显示出来，如图 2—38 所示。

5. Throw

前文中已介绍过在遇到非正常条件时自动抛出异常，此外还可以通过使用关键字 throw 手动抛出异常，代码如下：

```
throw new System. Exception ();
```

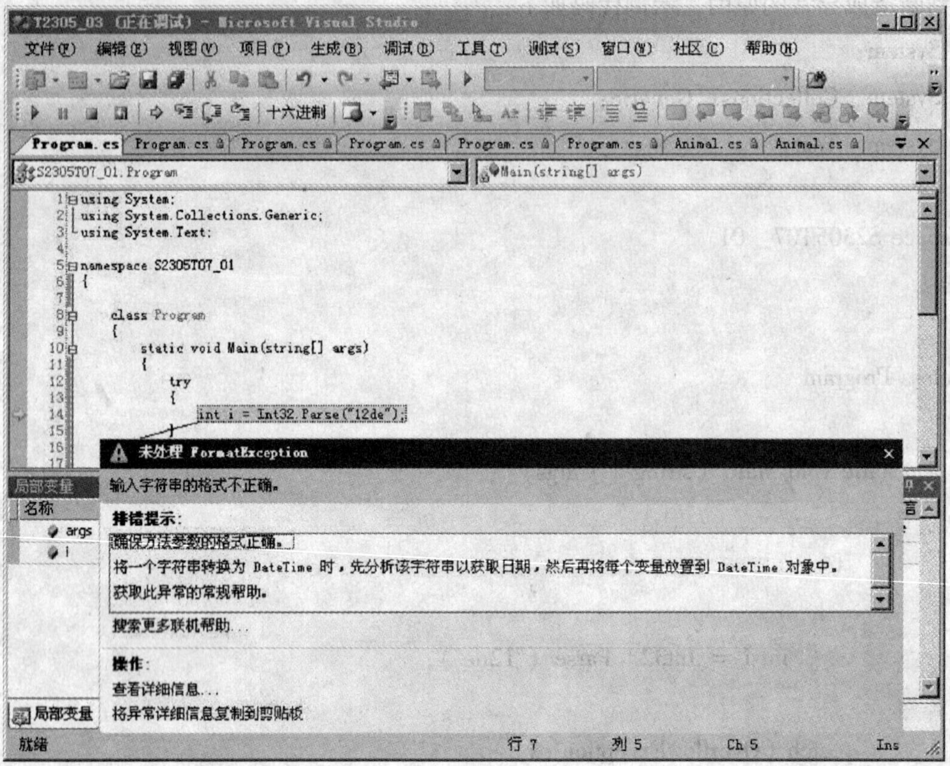

图 2—37　“提示信息”窗口

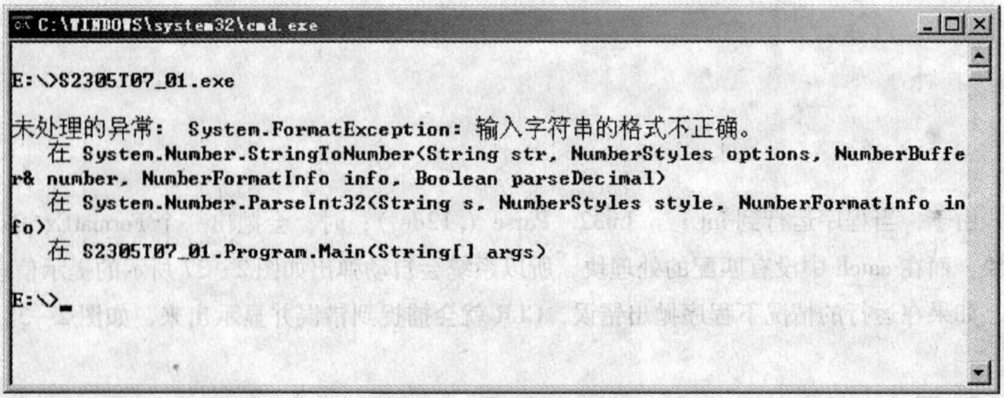

图 2—38　捕捉到错误并显示

此代码新抛出一个 System. Exception 类的异常，可以使用 Exception 的构造函数的重载传入一个字符串参数，代码如下：

throw new System. Exception ("Invalid set of parameters");

字符串可以通过前面介绍的异常对象的 Message 来访问，因此只能抛出 System. Exception 类或其子类。

6. 异常举例

以下将展示一个完整的使用异常的示例程序，首先是该程序的运行界面图，如图 2—39 所示。

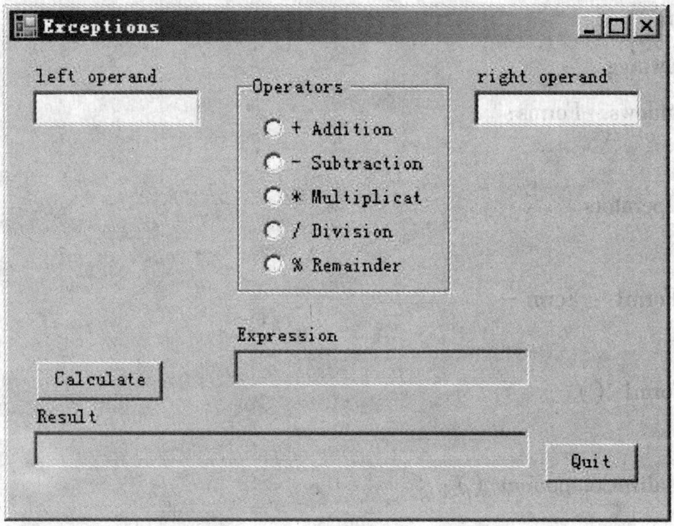

图 2—39　程序运行异常界面图

可以看到，该程序只要完成一个对两个数的计算功能，当输入的不是两个能够转换为数字的值得时候，就必须为程序提供异常处理，不然应用程序会出现致命错误。

在图 2—39 中可以知道 Form 上的控件如下：

```
System. Windows. Forms. TextBox result;
System. Windows. Forms. TextBox expression;
System. Windows. Forms. TextBox rightHandSideOperand;
System. Windows. Forms. TextBox leftHandSideOperand;
System. Windows. Forms. Button quit;
System. Windows. Forms. Button calculate;
System. Windows. Forms. GroupBox groupBox1;
System. Windows. Forms. RadioButton remainder;
System. Windows. Forms. RadioButton division;
System. Windows. Forms. RadioButton multiplication;
```

System. Windows. Forms. RadioButton subtraction;

System. Windows. Forms. RadioButton addition;

以下是在 Form 中的具体实现代码：

```
using System;
using System. Collections. Generic;
using System. ComponentModel;
using System. Data;
using System. Drawing;
using System. Windows. Forms;

namespace MathsOperators
{
    partial class Form1 : Form
    {
        public Form1 ()
        {
            InitializeComponent ();
        }

        private void calculate_ Click (object sender, System. EventArgs e)
        {
            try
            {
                int leftHandSide = Int32. Parse (leftHandSideOperand. Text);
                int rightHandSide = Int32. Parse (rightHandSideOperand. Text);
                int answer = doCalculation (leftHandSide, rightHandSide);
                result. Text = answer. ToString ();
            }
            catch (FormatException fEx)
            {
                result. Text = fEx. Message;
            }
```

```
            catch (OverflowException oEx)
            {
                result. Text = oEx. Message;
            }
            catch (InvalidOperationException ioEx)
            {
                result. Text = ioEx. Message;
            }
            catch (Exception ex)
            {
                    result. Text = ex. Message;
                }
        }

        private int doCalculation (int leftHandSide, int rightHandSide)
        {
            int res = 0;

            if (addition. Checked)
                res = addValues (leftHandSide, rightHandSidc);
            else if (subtraction. Checked)
                res = subtractValues (leftHandSide, rightHandSide);
            else if (multiplication. Checked)
                res = multiplyValues (leftHandSide, rightHandSide);
            else if (division. Checked)
                res = divideValues (leftHandSide, rightHandSide);
            else if (remainder. Checked)
                res = remainderValues (leftHandSide, rightHandSide);
            else
                throw new InvalidOperationException ("no operator selected");

            return res;
```

```
}

private int addValues (int leftHandSide, int rightHandSide)
  {
    expression. Text =leftHandSide. ToString () +"+"+rightHandSide. ToString ();
    return leftHandSide + rightHandSide;
}

private int subtractValues (int leftHandSide, int rightHandSide)
  {
    expression. Text =leftHandSide. ToString () +"-"+rightHandSide. ToString ();
    return leftHandSide - rightHandSide;
}

private int multiplyValues (int leftHandSide, int rightHandSide)
  {
    expression. Text =leftHandSide. ToString () +"*"+rightHandSide. ToString ();
    return checked (leftHandSide * rightHandSide);
}

private int divideValues (int leftHandSide, int rightHandSide)
  {
    expression. Text =leftHandSide. ToString () +"/"+rightHandSide. ToString ();
    return leftHandSide/rightHandSide;
}

private int remainderValues (int leftHandSide, int rightHandSide)
  {
    expression. Text =leftHandSide. ToString () +"%"+rightHandSide. ToString ();
    return leftHandSide % rightHandSide;
}
```

```
    private void quit_ Click (object sender, System. EventArgs e)
     {
        Application. Exit ();
     }
  }
}
```

当用户输入错误的数值时，结果如图 2—40 所示。

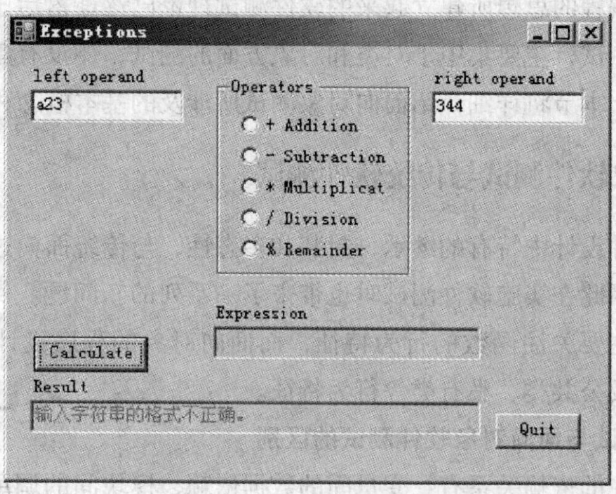

图 2—40　用户输入错误数值时的界面图

如果用户输入正确的数值，并且选择了计算符，计算结果如图 2—41 所示。

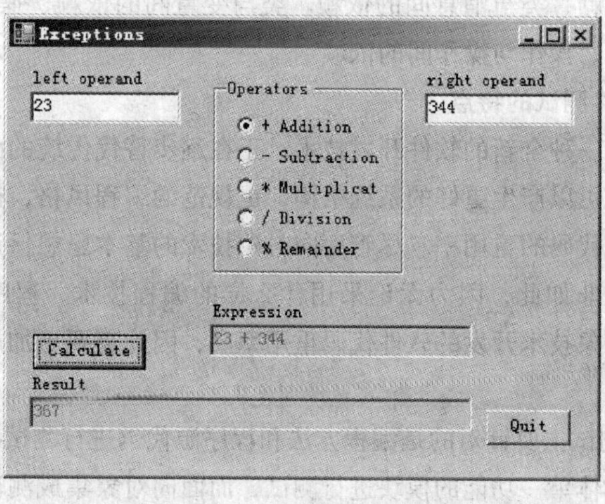

图 2—41　用户输入正确数值和计算符后的界面图

第 2 节　面向对象软件测试

随着面向对象编程概念的深入，面向对象的软件开发技术得到了迅速发展，并得到广泛的应用，同时面向对象的分析、设计及程序设计语言方面，均获得了丰富的研究成果和应用；而基于结构编程的思想所建立起来的软件测试理论已逐渐落后于实际应用，当前针对面向对象的软件测试，主要集中于对类和对象方面的测试，还没有建立起一套完整的面向对象的测试方法。本节将详细介绍面向对象测试所涉及的基本概念和测试方法。

一、面向对象软件测试与传统软件测试

面向对象的软件设计中特有的继承、封装和多态性，与传统面向过程的软件设计的方法有较大的区别，因此在实施软件测试时也带来了一系列的新问题。例如：在传统面向过程的程序设计时，主要关注函数的行为特征，而面向对象的程序设计还需要考虑基类函数、继承类函数以及公共类、私有类等行为特征。

1. 传统软件测试与面向对象软件测试的区别

传统软件中存在的依赖关系有：变量间的数据依赖、模块间的调用依赖、变量与其类型间的定义依赖、模块与其变量间的功能依赖。

而面向对象软件除了存在上述依赖关系外，还存在以下的依赖关系：类与类间的依赖、类与操作间的依赖、类与消息间的依赖、类与变量间的依赖、操作与变量间的依赖、操作与消息间的依赖、操作与操作间的依赖。

2. 面向对象软件测试的特点

面向对象技术是一种全新的软件开发技术，正在逐步替代传统的面向过程的软件开发方法。面向对象技术可以产生更好的系统结构，更规范的编程风格，极大地优化数据使用的安全性，提高程序代码的重用率。尽管面向对象技术的基本思想保证了软件有更高的质量，但实际情况却并非如此，因为无论采用什么样的编程技术，程序设计人员都会犯错误，而且由于面向对象技术开发的软件代码重用率高，因此需要更加严格的测试，从而避免错误的繁衍和扩大。

（1）面向对象测试主要针对的是编程方法和程序源代码进行测试。面向对象单元测试主要是对程序内部具体单一功能的模块进行测试，而面向对象集成测试则主要针对系统内部的相互引用进行测试，如方法间相互调用、类之间的消息传递等，面向对象系统测试主

要以用户需求为测试标准。

（2）面向对象程序的结构不再是传统的功能模块结构，而是作为一个整体。面向对象开发抛弃了传统的开发模式，对每个开发阶段都有不同于以往的要求和结果，已经不可能用功能细化的观点来检测面向对象分析和设计的结果，因此，传统的测试模型对面向对象的软件开发已不适宜，为更好地针对面向对象软件开发的特点，一种新的测试模型被逐渐建立起来。

二、面向对象测试模型

面向对象的开发模型将开发分为面向对象分析（OOA）、面向对象设计（OOD）和面向对象编程（OOP）三个阶段，针对面向对象的特点，并结合传统的测试方法，可以将面向对象的软件测试划分为：面向对象分析测试、面向对象设计测试、面向对象编程测试、面向对象单元测试、面向对象集成测试和面向对象系统测试。

面向对象分析和设计的测试，主要是对分析设计时产生的文本进行，是软件开发前期的关键性测试。面向对象编程，主要针对编程风格和源代码的实现进行测试，其主要测试内容在面向对象单元测试和面向对象集成测试中体现。面向对象单元测试是对程序内部具体单一的功能模块的测试，主要是对类成员函数测试，面向对象单元测试是进行面向对象集成测试的基础。面向对象集成测试，主要是对内部的相互服务进行测试，如成员函数间的相互作用，类间的消息传递等，面向对象集成测试不仅要基于面向对象单元测试，更要参考面向对象的设计及测试结果。面向对象的系统测试是基于面向对象集成测试的最后阶段测试，主要以用户需求为测试标准，需要借鉴面向对象分析及测试结果。

1. 面向对象分析测试

传统的面向过程分析是一个功能分解的过程，是将一个系统看成可以分解的功能的集合，这种传统的功能分解分析法的着眼点在于，一个系统需要什么样的信息处理方法和过程，以过程的抽象来应对系统的需要。面向对象直接映射问题空间，全面地将问题空间实现功能的实例抽象化，把问题空间中的实例抽象为对象，用对象的结构反映问题空间的复杂实例和复杂关系，用属性和服务表示实例的特性和行为，面向对象分析测试的结果，是为后续测试各阶段类的选定和实现、类层次结构的组织和实现提供平台。因此，面向对象的分析对问题空间的分析抽象不完整，最终会影响软件的功能实现，导致软件开发后期产生大量本可避免的修补工作；而一些冗余的对象或结构会影响类的选定、程序的整体结构从而增加程序员不必要的工作量。面向对象分析的测试重点在于完整性和冗余性测试。

2. 面向对象设计测试

通常结构化的设计方法用的是过程设计方法，它将系统分解后提出一组作业，这些作业以过程实现系统的基础构造，将问题的分析转化为求解域的设计，分析的结果是设计阶段的输入。

3. 面向对象编程测试

面向对象程序具有继承、封装和多态的特性，这使得传统的测试策略必须有所改变。封装是对数据的隐藏，外界只能通过提供的操作来访问或修改数据，这样降低了数据被任意修改和读写的可能性，也降低了传统程序中对数据非法操作的测试。继承是面向对象程序的重要特点，继承使得代码的重用率提高，同时也增加了错误传播的可能性。多态使得面向对象程序对外呈现强大的处理能力，但同时却使得程序内“同一”函数的行为复杂化，测试时必须考虑不同类型具体执行的代码和产生的行为。

4. 面向对象单元测试

传统的单元测试针对的是程序的函数、过程或完成某一特定功能的程序块，沿用单元测试的概念，面向对象则实际测试类中的函数，传统的测试方法在面向对象的单元测试中都可使用，如等价类划分法、因果图法、边界值分析法、逻辑覆盖法、路径分析法等。

5. 面向对象集成测试

传统的集成测试是由底向上通过集成完成的功能模块进行测试，一般可以在部分程序编译完成的情况下进行。而对于面向对象程序，相互调用的功能是散布在程序的不同类中，类通过消息相互作用、申请和提供服务。类的行为与它的状态密切相关，状态不仅体现在类数据成员的值，可能还包括其他类中的状态信息，因此类相互依赖极其紧密，根本无法在编译不完全的程序上对类进行测试，所以面向对象的集成测试通常需要在整个程序编译完成后进行。此外，面向对象程序具有动态特性，程序的控制流往往无法确定，所以也只能对整个编译后的程序做基于黑盒的集成测试。

面向对象的集成测试，能够检测出相对独立的单元测试无法检测出的，那些类相互作用时才会产生的错误，基于单元测试对成员函数行为正确性的保证，集成测试只关注于系统的结构和内部的相互作用。面向对象的集成测试可以分成两步进行：先进行静态测试，再进行动态测试。

6. 面向对象系统测试

通过单元测试和集成测试，仅能保证软件开发的功能得以实现，但无法保证在实际运行中是否满足用户的需要，是否在实际使用条件下存在大量会被诱发而产生错误的隐患，为此对完成开发的软件必须经过规范的系统测试。换言之，开发完成的软件仅仅是实际投入使用系统的一个组成部分，需要测试它与系统其他部分配套运行的表现，以保证在系统各部分协调工作的环境下也能正常工作。系统测试应该尽量搭建与用户实际使用环境相同的测试平台，应该保证被测试系统的完整性，系统测试主要内容包括：功能测试、压力测试、安全测试、安装/卸载测试、易用性测试、恢复测试、性能测试、兼容性测试等。

三、面向对象的类测试

类是所有面向对象程序的构造基石，所以针对类的测试就特别重要。类测试由类（Class）和测试体（Tester）构成，测试时，通过运行测试体来验证类的实现和类的描述是否一致，如果类的实现是正确的，那么表示该类的所有实例行为也是正确的。

面向对象的类是统一建模语言的产物，因此在详细介绍面向对象的类测试之前首先简单介绍一些统一建模语言的相关知识。

1. 统一建模语言

统一建模语言（Unified Modeling Language，UML），它的出现使开发的不同阶段都可以用面向对象技术来描述所开发的系统，为系统开发过程提供了统一的表现手段。

公认的面向对象建模语言出现于20世纪70年代中期，而该项技术真正开始走向成熟是从20世纪90年代开始的，当时涌现了诸如Booch 1993、OOSE和OMT—2等一系列新方法，经过Booch、Rumbaugh和Jacobson三人的共同努力，在1997年1月由UML成员协会正式发布了UML1.0版本，同年11月，经过改进的1.1版也正式发布，并得到了OMG的采纳。

UML是一种定义良好、易于表达、功能强大且普遍适用的建模语言，它融入了软件工程领域的新思想、新方法和新技术，其作用域不限于支持面向对象的分析与设计，还支持从需求分析开始的软件开发的全过程。作为一种建模语言，UML包括UML语义和UML表示法两个部分。

（1）UML语义描述基于UML的精确元模型定义。元模型为UML的所有元素在语法和语义上提供了简单、一致、通用的定义性说明，使开发人员能在语义上取得一致，消除因人而异的最佳表达方法所造成的影响，此外UML还支持对元模型的扩展定义。

（2）UML表示法是定义UML符号的表示法，为开发人员和开发工具使用这些图形符号和文本语法、为系统建模提供了标准。这些图形符号和文字所表达的是应用级的模型，在语义上它是UML元模型的实例。

标准建模语言UML的重要内容可以由下列5类图（共9种图形）来定义：

1）用例图。从用户角度描述系统功能，并指定各功能的操作者。

2）静态图。静态图包括类图、对象图和包图，其中类图描述系统中类的静态结构，不仅定义系统中的类，而且表示类之间的联系，如关联、依赖、聚合等。类图描述的是一种静态关系，在系统的整个生命周期都有效。对象图是类图的实例，几乎使用与类图完全相同的标识，它们的不同点在于对象图显示类的多个对象实例，而不是实际的类。一个对象图是类图的一个实例。由于对象存在生命周期，因此对象图只能在系统某一时间段存在。包图由包或类组成，表示包与包之间的关系，包图用于描述系统的分层结构。

3）行为图。行为图主要描述系统的动态模型和组成对象间的交互关系，包括状态图和活动图。其中状态图描述类的对象所有可能的状态以及事件发生时状态的转移条件。通常状态图是类图的补充，在实际应用中并不需要为所有的类画状态图，只需为有多个状态、其行为受外界环境的影响并且发生改变的类画状态图，而活动图描述满足用例要求所要进行的活动，以及活动间的约束关系，有利于识别并行活动。

4）交互图。交互图主要描述对象间的交互关系，包括顺序图和合作图。其中顺序图表示对象之间的动态合作关系，它强调对象之间的消息发送顺序，同时显示对象之间的交互。合作图描述对象间的协作关系，合作图与顺序图相似，显示对象间的动态合作关系，除显示信息交换外，合作图还显示对象，以及它们之间的关系。如果强调时间和顺序，则使用顺序图；如果强调上下级关系，则选择合作图，这两种图称为交互图。

5）实现图。其中构件图描述代码部件的物理结构及各部件之间的依赖关系，一个部件可能是一个资源代码部件、一个二进制部件或一个可执行部件，它包含逻辑类和实现类的有关信息。部件图有助于分析和理解部件之间的相互影响程度。配置图定义系统中软硬件的物理体系结构，它可以显示实际的计算机和设备（用节点表示），以及它们之间的连接关系，也可显示连接的类型及部件之间的依赖性，在节点内部，放置可执行部件和对象以显示节点与可执行软件单元的对应关系。

从应用的角度看，当采用面向对象技术设计系统时，第一步是描述需求；第二步根据需求建立系统的静态模型，以构造系统的结构；第三步是描述系统的行为。其中第一步与第二步中所建立的模型都是静态的，包括用例图、类图、对象图、组件图和配置图五个图形，是标准建模语言 UML 的静态建模机制。第三步中所建立的模型或者可以执行，或者表示执行时的时序状态和交互关系，它包括状态图、活动图、顺序图和实现图四个图形，是标准建模语言 UML 的动态建模机制。因此，标准建模语言 UML 的主要内容也可以归纳为静态建模机制和动态建模机制两大类。

UML 模型还可以作为软件测试各阶段的依据，系统通常需要经过单元测试、集成测试、系统测试、验收测试，不同的测试小组使用不同的 UML 图作为测试依据：单元测试使用类图和类规格说明；集成测试使用部件图和构件图；系统测试使用用例图来验证系统的行为；验收测试由用户进行，以验证系统测试的结果是否满足在分析阶段确定的需求。

2. 类在 UML 中的描述

UML 中的类表述符号为矩形框，包含三部分，自上而下分别是类标题（如果是抽象类，CLASS 用斜体字表示）、类属性（Attributes）、操作（Operation，如果是抽象方法，

Operation用斜体字表示），如图 2—42 所示。

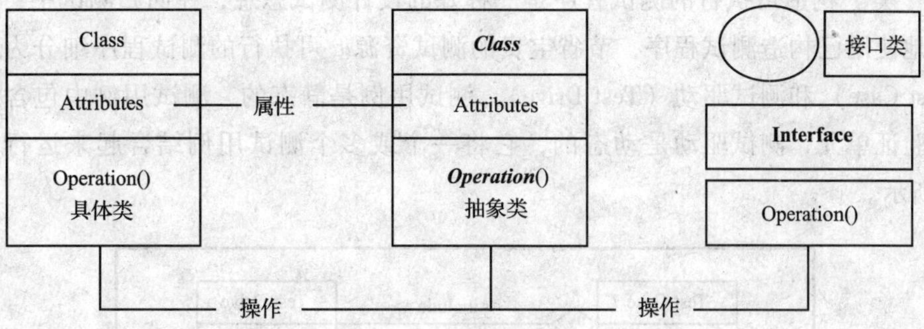

图 2—42　类

多个类之间的关系（Relationships）用特殊线段表示，包含四个关键字，分别是关联、泛化、实现、依赖，见表 2—8。

表 2—8　UML 类符号描述

关键词	UML 符号	说明
关联（Association）	1..n　n	同一层次可见
泛化（Generalization）		用作定义其他类的基类
实现（Realization）		用作定义其他类的接口
依赖（Dependency）		一方调用另一方的部分
聚合		一方是另一方的部分
组合		一方是另一方的必要组成部分

每种关系使用不同的符号标识。对类的修饰包含了 3 个关键字，分别是私有的、保护的和公有的，见表 2—9。

表 2—9　UML 类图作用域描述

关键词	UML 符号	说明
私有（Private）	-	只在当前类中可见
保护（Protected）	#	只在继承的类中可见
公有（Public）	+	所有的关联对象都是可见的

3. 类测试的组成

代码检查、代码走查作为一种传统的测试方法，在面向对象的测试中将被淘汰，因为人为地检查方式存在着许多弊端，并且在以后的回归测试中，代码检查会浪费大量资源。为“类”构造可执行的测试程序是一种好的设计测试思想，在回归测试中，可以最大限度地使用已构造测试程序，节省宝贵的测试资源。可执行的测试程序细分为测试用例（Test Case）和测试驱动（Test Drive），测试用例是静态的，测试用例中包含一个或多个需验证单元，测试驱动是动态的，它将一个或多个测试用例结合起来运行，如图2—43所示。

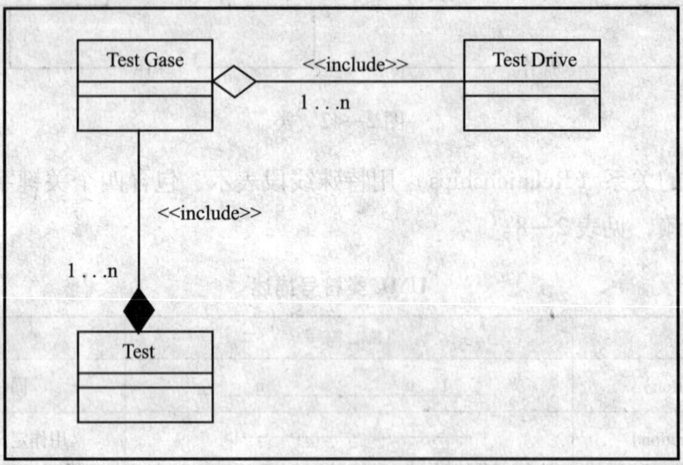

图2—43　UML描述类测试驱动的组成

一个测试驱动可以由1~n个测试用例聚合而成，一个测试用例又由1~n个测试描述组合而成，这就是类测试的组成框架。在类测试中，确定测试用例和类测试驱动程序是非常困难的，在某些情况下，构建某个类的测试驱动程序所损耗的工作时间是创建这个类的好几倍，所以在类测试中需要引入测试评估机制，以保证测试的效益最大化。

当确定了类的测试用例后，可以通过加载类的测试驱动来运行这些测试用例，并且统一给出运行测试用例后的结果。类是静态的，所有测试驱动内部创建了一个或者多个类的实例来运行这些测试用例，也可以说，是通过创建类的实例和测试类的实例行为来验证类的结果。

4. 类测试过程

RUP的测试概念是测试优先于设计（test - first design），而XP的测试概念为测试优先于编程（test - first programming），由于这两种测试概念的出处和针对的目标不一样，所以也没有太多可比性。类测试既包含设计又涉及具体的编码，所以整个执行类测试过程就显得有些复杂，图2—44说明了整个类测试流转过程，值得注意的是该流程属于内框架测试流程。

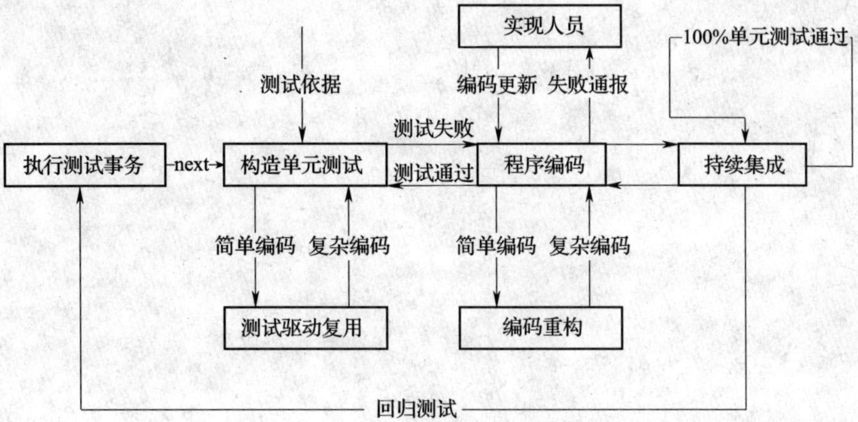

图 2—44　类测试流转过程

第 3 章

自动化测试工具

第 1 节　NUnit 安装与应用

一、NUnit 安装

本教材中将介绍 NUnit 2.5.7 版本，可直接到 http://www.nunit.org/下载最新的版本和帮助。

由于不同版本的 NUnit 测试工具其功能会有不同，在 NUnit 2.5.7 版本中增加了以下测试特性：数据驱动，原则，内联期望异常测试，泛型支持和 Lambda 表达式支持，进程外执行和运行时选择，源代码显示。

注：Lambda 表达式是一个匿名函数，它可以包含表达式和语句，并且可用于创建委托或表达式目录树类型。所有 Lambda 表达式都使用 Lambda 运算符 = >，该运算符读为"goes to"，Lambda 运算符的左边是输入参数（如果有），右边包含表达式或语句块。

1. NUnit 安装与基本概念

（1）双击 NUnit 安装文件进行安装，如图 3—1 所示。

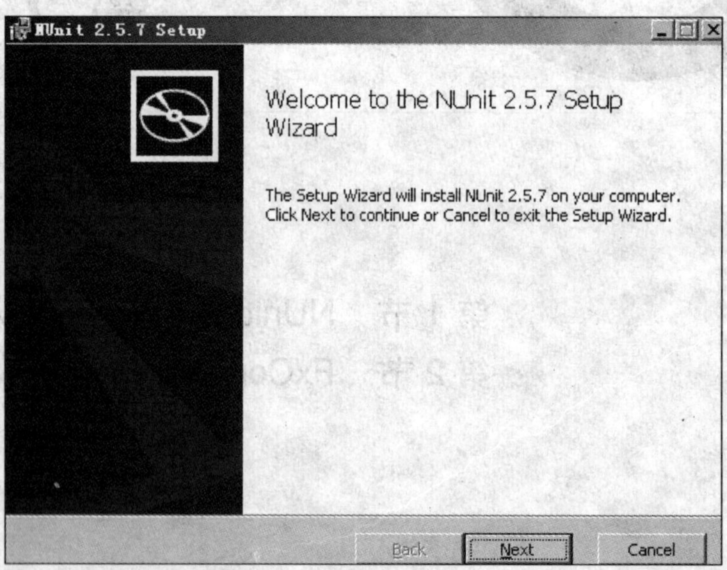

图 3—1　Nunit 安装

（2）单击"Next"按钮，在弹出窗口中钩选"I accept the terms in the License Agreement"复选框后单击"Next"按钮，如图 3—2 所示。

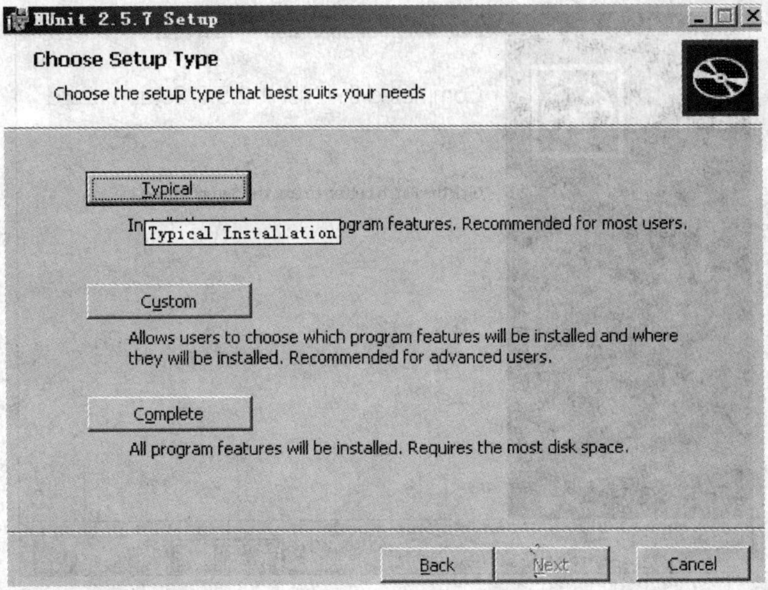

图 3—2　NUnit 安装方式

(3) 在弹出窗口中选择"Typical"安装方式后，单击"Next"按钮，如图 3—3 所示。

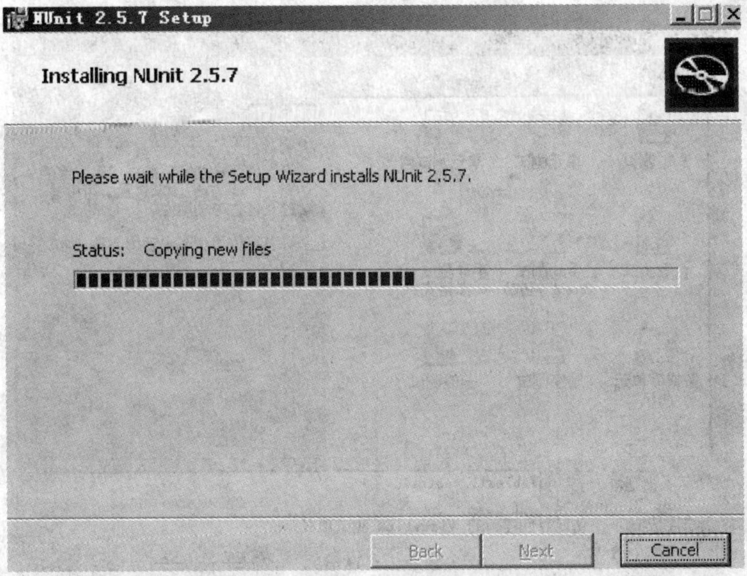

图 3—3　NUnit 安装进程

（4）安装完成后单击“Finish”按钮，安装结束，如图3—4所示。

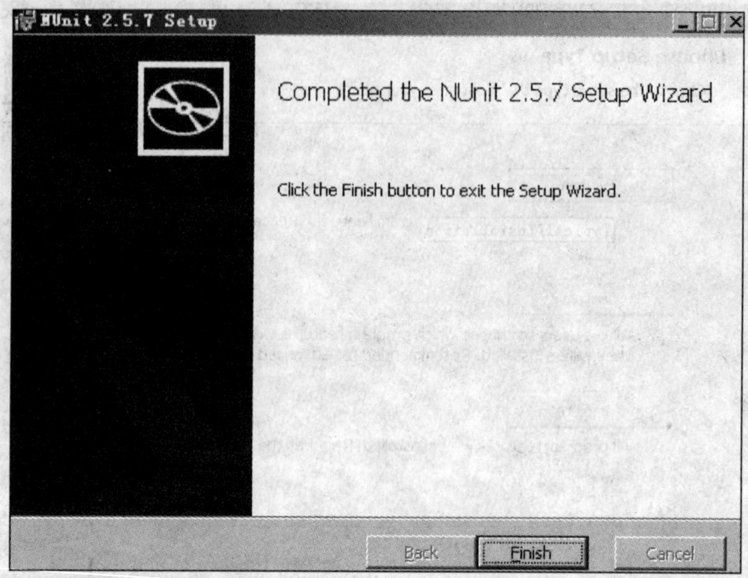

图3—4　NUnit安装成功

2. VSTS工具

VSTS 2008中已集成了NUnit插件，并且提供多个测试方法的入口，启动VSTS，在菜单栏中单击“测试”→“新建测试”，如图3—5所示。

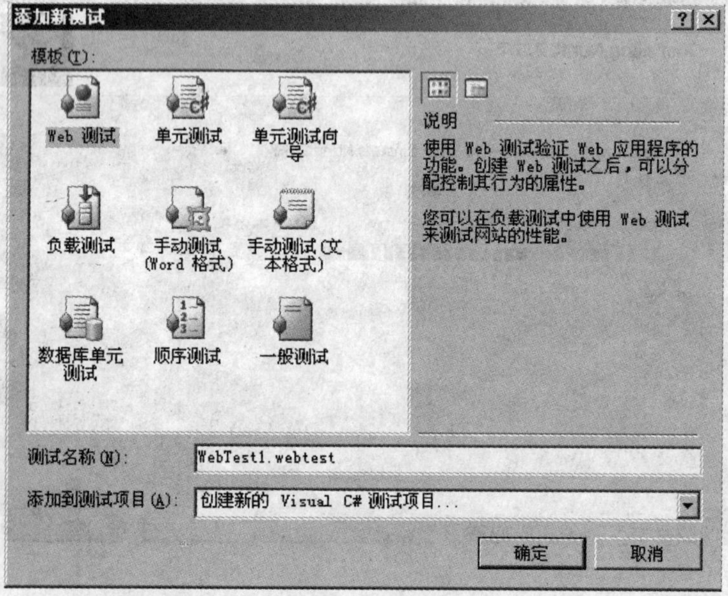

图3—5　创建测试

VSTS 提供了若干种测试方法，针对不同的测试需要，它提供的主要测试方法如下：

（1）Web 测试。Web 测试主要通过 IE 浏览器操作记录一系列有序的 HTTP 请求，也可以创建一个 Web 脚本，在脚本中进行修改操作。

（2）单元测试。单元测试是一种编程测试，通过调类的方法传递相关参数，并验证返回值是否为期望值。单元测试可以手动编写脚本，也可自动生成测试脚本。

（3）负载测试。负载测试可封装非手动测试（即单元测试、Web 测试、一般测试和顺序测试），通过使用虚拟用户同时运行，在负载下运行这些测试将生成测试结果，包括用表格和图形方式显示的性能计数器和其他性能计数器。

（4）手动测试。手动测试主要应用于无法自动运行或较难实施的测试。手动测试分为：

1）文本格式。使用未提供丰富的格式设置功能的简单文本编辑器来进行编辑。

2）Word 格式。Word 格式需使用 Microsoft Word 进行编辑，但可以提供更为丰富的内容，包括文本格式设置和嵌入式图形。

（5）顺序测试。顺序测试是一个容纳其他测试的容器，它可容纳的测试包括单元测试、Web 测试、一般测试、手动测试和顺序测试，但不包括负载测试。顺序测试可保证一个特定的执行顺序。

（6）一般测试。一般测试是现有的程序或对另一个源的测试，由于一般测试通常会包装在 VSTS 框架外部创建的自动化测试中，因此，一般测试将是一种利用现有测试基础结构的方式。

3. VSTS 测试窗口

VSTS 测试工具有以下几个主窗口，每个窗口中执行的具体任务如下：

（1）测试视图。运行和编辑测试，如图 3—6 所示。

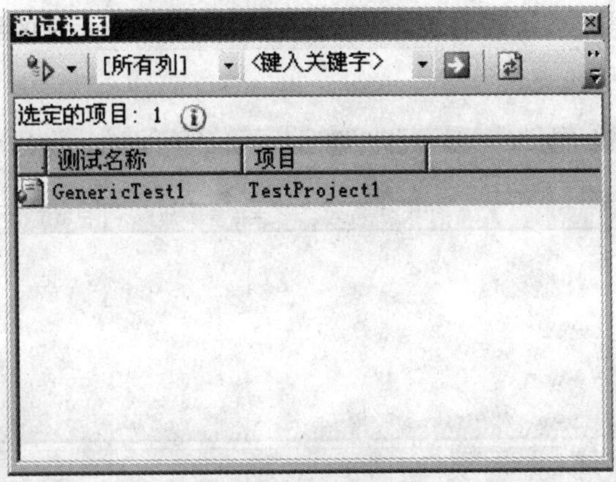

图 3—6　测试视图窗口

（2）测试列表编辑器。测试列表编辑器主要管理和运行测试及测试列表。测试列表编辑器如图3—7所示。

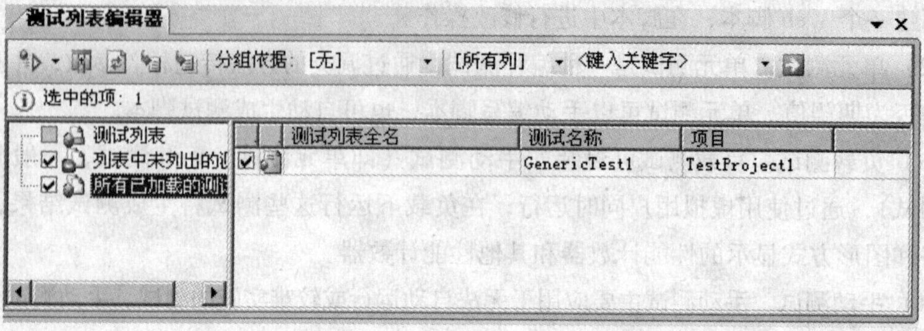

图3—7　测试列表编辑器窗口

（3）测试结果。查看测试结果，并可以暂停、继续、停止和重新运行测试。测试结果窗口如图3—8所示。

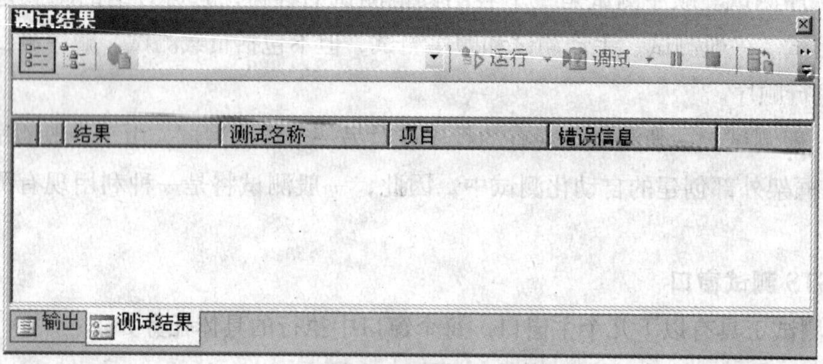

图3—8　测试结果窗口

（4）代码覆盖率结果。查看有关在测试运行中被测试的元素的统计信息。代码覆盖率结果窗口如图3—9所示。

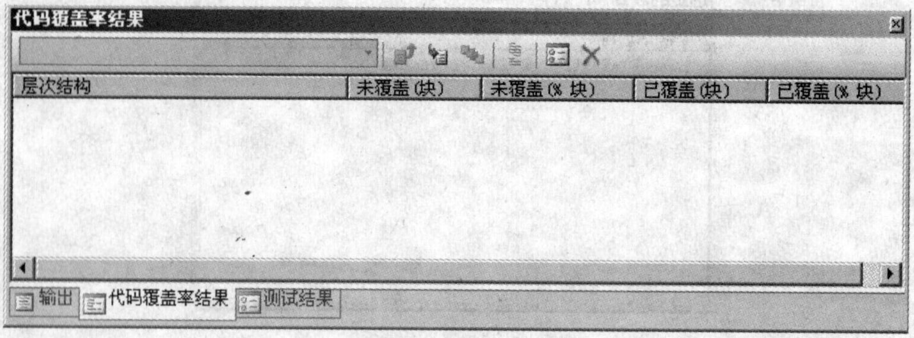

图3—9　代码覆盖率结果窗口

（5）测试运行。查看本地计算机或一组远程计算机上测试运行、等待及完成的测试结果等的状态。测试运行窗口如图 3—10 所示。

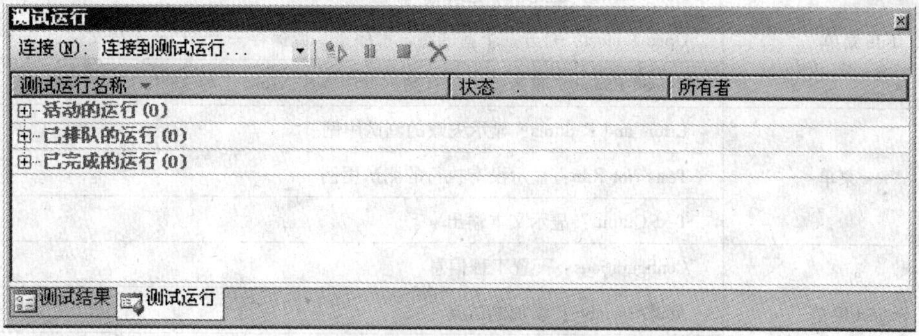

图 3—10　测试运行窗口

4. NUnit 工具

（1）NUnit 菜单简介。在开始程序中运行 NUnit，如图 3—11 所示。其菜单的说明见表 3—1。

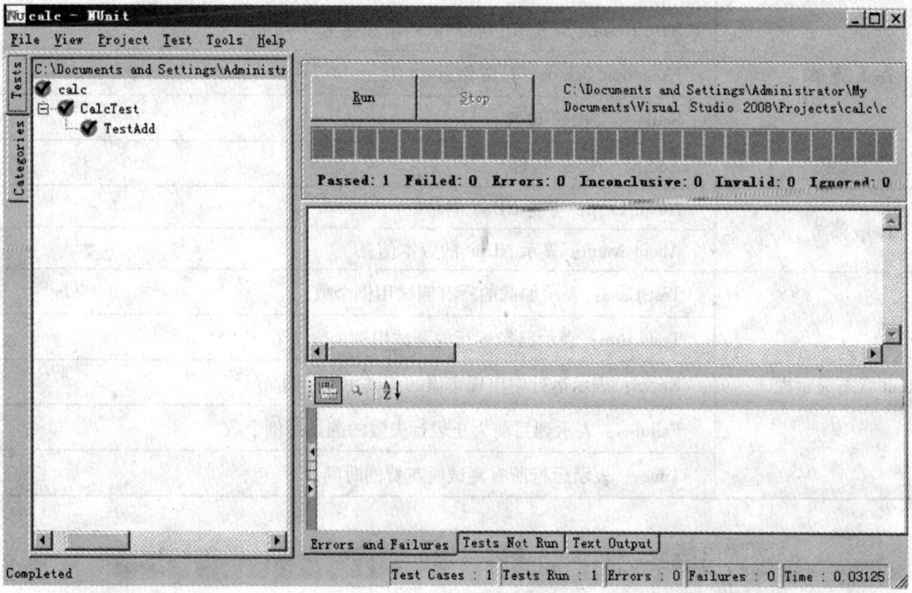

图 3—11　NUnit 窗口

（2）NUnit 测试结果状态。在 NUnit 中运行单元测试所得到的结果将以不同的颜色进行显示，颜色共分为三种：绿色、黄色、红色，如图 3—12 所示。

表 3—1 **NUnit 菜单的说明**

菜单	说明
File 菜单	New Project：创建一个新工程
	Open Project：打开一个新的测试程序集，或保存一个 NUnit 工程文件
	Reload Project：重新载入现有测试程序集或 NUnit 工程文件
View 菜单	Errors and Failures：显示失败的测试用例
	Tests Not Run：显示没有执行的测试用例
	Text Output：显示文本输出
Project 菜单	Configurations：配置工程信息
	Add Assembly：增加测试集
	Edit：工程信息编辑
Test 菜单	Run All：运行所有载入的脚本
	Run Selected：运行选择的脚本
	Run Failed：运行失败的脚本
	Stop Run：停止运行
Tools 菜单	Test Assemblies：测试集
	Save Results as XML：将测试结果保存为 XML 格式
	Exception Details：异常信息
	Settings：NUnit 设置
	Addins：NUnit 插件
Help 菜单	NUnit Help：查看 NUnit 的帮助
	About Nunit：显示 NUnit 的版本信息
NUnit 状态显示栏	Test Case：表示加载的所有测试用例个数
	Tests Run：表示已经运行的测试用例个数
	Errors：表示运行中出现错误的测试用例个数
	Failures：表示到目前为止运行失败的测试用例个数
	Times：表示运行所有测试所花费的时间

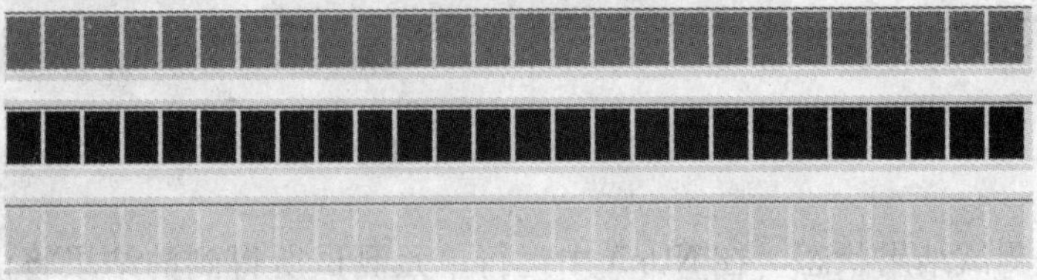

图 3—12　NUnit 测试结果状态图

其含义分别如下：

1）绿色指当前执行的测试代码均成功通过。

2）黄色指忽略某些错误，且该错误不影响测试结果。

3）红色指测试失败。

（3）NUnit 的属性。在 NUnit 基类中有非常多的属性（Attribute），它们所表达的含义也各不相同，其常用属性和设置如下：

1）TestFixture：每个待测试的类前必须添加该属性。

2）Test：每个测试的类中待测试的函数前必须加该属性。

3）TestFixtureSetUp：在一个测试类中只执行一次，且在所有测试案例运行前执行。

4）SetUp：在每个测试案例运行前执行。

5）TearDown：在每个测试案例运行后执行。

6）TestFixtureTearDown：在一个测试类中只执行一次，且在所有测试案例运行后执行。

7）ExpectedException：检测异常抛出。

8）Ignore：临时忽略一些测试。

二、NUnit 基本应用

1. NUnit 的断言

NUnit 提供辅助函数用于帮助用户确定被测函数是否正常工作，在单元测试中统称为断言（Assert）。断言用于帮助用户判断某个具体的被测试函数是否工作正常，通常一个测试方法中会有多个断言，当一个断言失败时，该测试方法就会终止。

断言是单元测试的最基本的组成部分，它在 NUnit 程序中以 Assert 类的静态方法的形式提供了不同形式的多种断言。

2. NUnit 常用测试类

（1）Assert. AreEquals（expected，actual [，string message]）。该测试类是使用最多的断言形式，其中：expected 是被测试代码的期望值，actual 是被测试代码的实际值，message 是一个可选的消息。

对于浮点数的比较，使用 Assert. AreEquals（expected，actual，tolerance [，string message]），其中 tolerance 表示精度，例如：0.01 表示仅比较小数后两位。

例如：Assert. AreEqual（3.33，10.0/3.0，0.01）；

（2）IsNull/IsNotNull（object [，string message]）。验证一个给定对象是空/非空，如

果答案为否，则失败；message 是可选参数。

（3）Assert. AreSame（expected，actual［，string message］）。验证 expected 和 actual 参数所引用的是否是同一个对象，如果不是，则失败；message 是可选参数。

（4）Assert. IsTrue/IsFalse（bool condition［，string message］）。判断条件是否为真/假。

（5）Assert. Fail（［string message］）。该断言将会使测试脚本立即失败，通常被用于标记某个不应该到达的分支，但实际单元测试过程中不常用。

3. NUnit 框架

首先来观察下面这一段测试代码：

```
using NUnit. Framework;     //添加 NUnit. Framework 引用类
namespace calc
{
    [TestFixture]    //作为 NUnit 引用
    public class CalcTest
    {
        [Test]
        public void TestAdd ()
        {
            Calc cal = new Calc ();
            int result = cal. Add (1, 2);
            Assert. AreEqual (3, result);
        }
    }
}
```

以上代码基本可以描述 NUnit 的框架，在进行单元测试时必须声明引入的 NUnit 类包，前文述及的断言均由 NUnit framework 提供，每个包含测试的类都必须加上［TestFixture］标记，且类必须声明为 public，同时必须有一个 public 的没有参数的构造函数（默认构造函数即可）；测试类包含了用［Test］标记的方法，在此示例中为 TestAdd 方法。

4. NUnit 应用实例

（1）NUnit 基本应用

1）在 VS. 2008 中创建一个名称为 Calc 的 C#控制台应用程序，如图 3—13 所示。

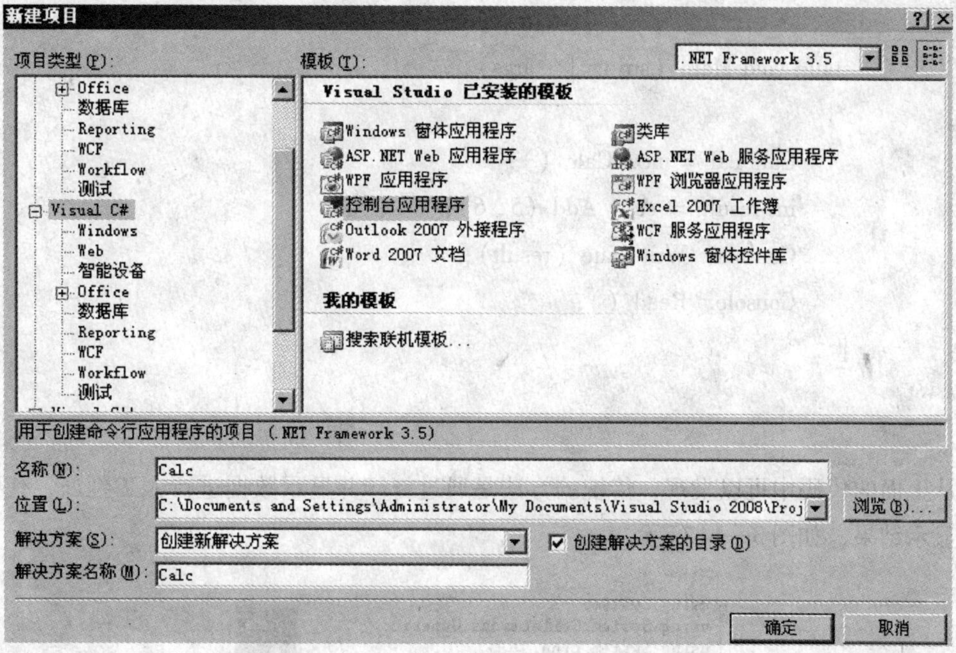

图 3—13　创建控制台应用程序

2）创建一个简单的加减法运算，代码如下：

```
using System;
using System. Collections. Generic;
using System. Linq;
using System. Text;
namespace calc
{
  public class Calc    //Calc 类
    {
      public int Add (int a, int b) //加法运算
      {
        return a + b;
      }
      public int Minus (int a, int b)     //减法运算
      {
```

```
            return a - b;
        }
        static void Main (string [ ] args)
        {
            Calc cal = new Calc ( );
            int result = cal. Add (5, 6);
            Console. WriteLine (result);
            Console. Read ( );
        }
    }
}
```

从上面的代码中可以发现，传统的方法是通过打印并显示数据进行人工判断，代码运行后显示结果，如图 3—14 所示。

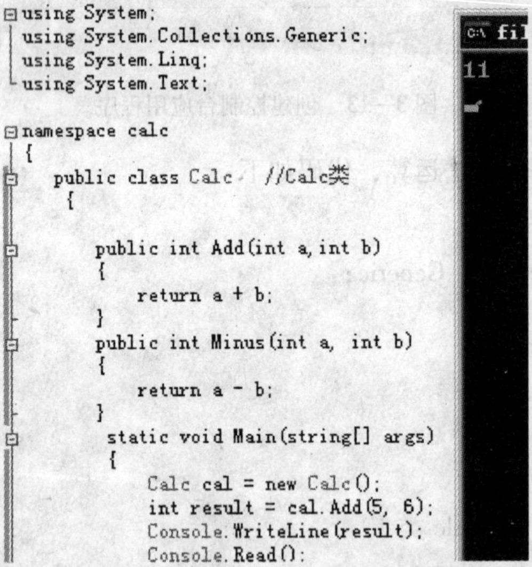

图 3—14　简单加减法运算的运行结果

3）在 VS“解决方案资源管理器”中选择 Calc 类创建一个测试类，为将测试类进行区分，所有测试类命名规则都在被测类名后增加 Test 后缀，如图 3—15 所示。

4）在“解决方案资源管理器”类的引用中添加 NUnit. framework 命名空间，如图 3—16 所示。

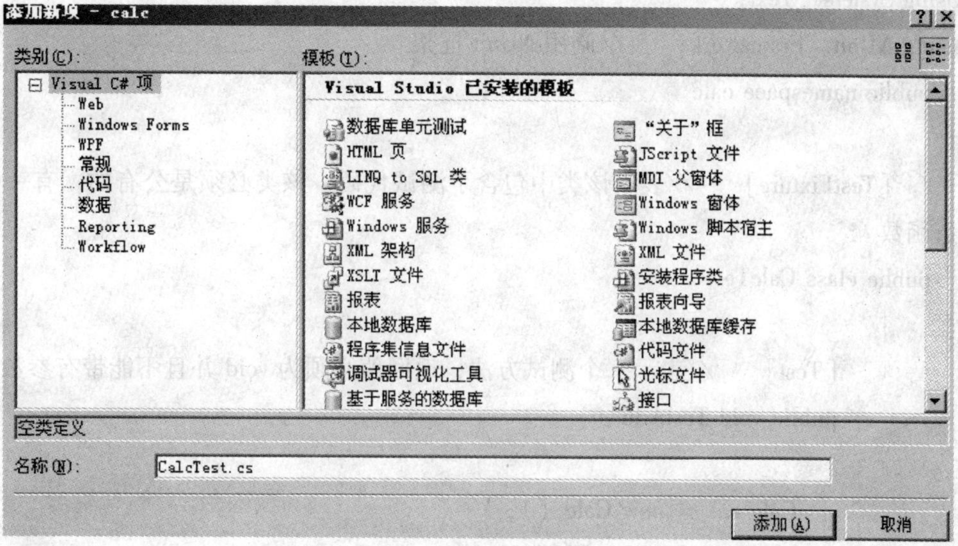

图 3—15　创建测试类

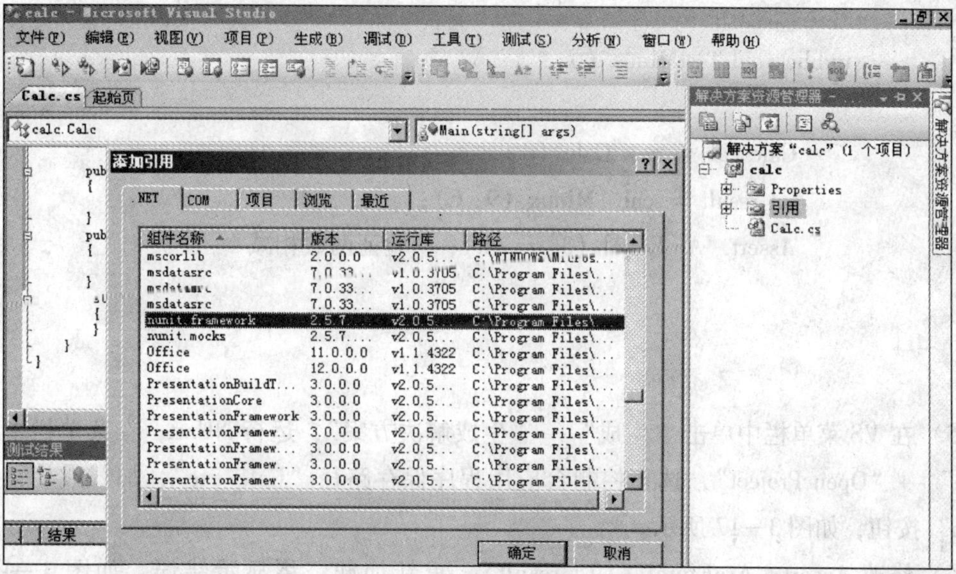

图 3—16　添加 NUnit 命名空间

测试类代码如下：

```
using System;
using System. Collections. Generic;
using System. Linq;
```

```
using System. Text;
using NUnit. Framework;      //调用 NUnit 框架
  public namespace calc
{
      [TestFixture]      //表示该类中包含了测试代码，该类必须是公有的，有一个默认构造函数
   public class CalcTest
      {
          [Test]      //表示一个测试方法，返回值必须为 void 并且不能带有参数
          public void TestAdd ()
          {
              Calc cal = new Calc ();
              int result = cal. Add (5, 6);
              Assert. AreEqual (11, result); //验证两数相加
          }
         public void TestMinus ()
          {
              Calc cal = new Calc ();
              int result = cal. Minux (9, 6);
              Assert. AreEqual (3, result); //验证两数相减
          }
      }
}
```

5）在 VS 菜单栏中单击“生成”→“生成解决方案”，运行 NUnit，在菜单栏中单击“File”→“Open Project”，选择控制台应用程序保存路径“Calc. exe”，加载成功，单击“Run”按钮，如图 3—17 所示。

6）修改 Assert. AreEqual（12，result），重新加载，将显示错误，如图 3—18 所示。

5. NUnit 异常处理

在单元测试过程中，通常对以下两类异常比较关注：

(1）从测试代码抛出的可预测异常。

(2）由于某个模块（或代码）发生严重错误，而抛出的不可预测异常。

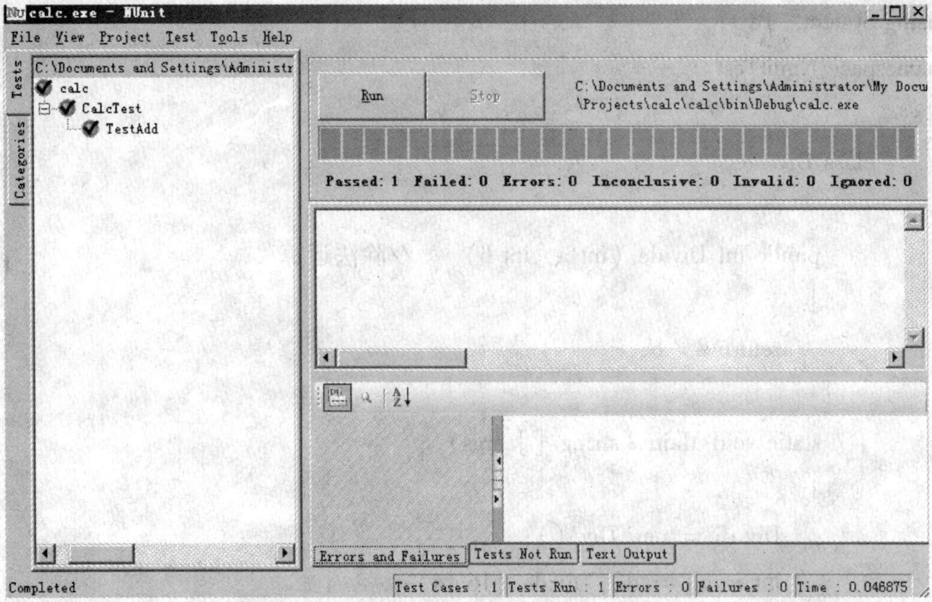

图 3—17　成功运行

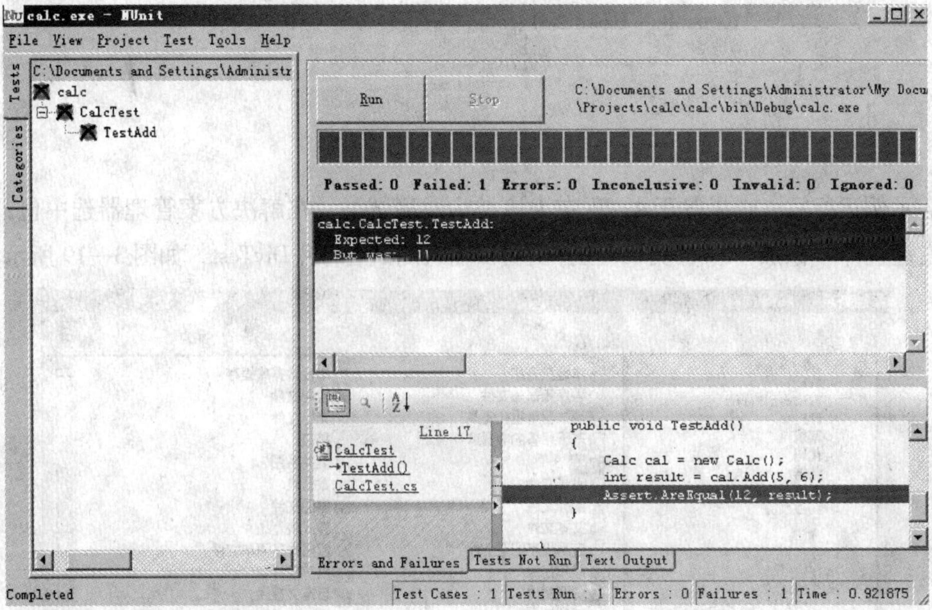

图 3—18　失败结果

接下来设计一个除法运算，代码如下：

```
using System;
using System. Collections. Generic;
using System. Linq;
```

```
using System. Text;
namespace NunitTest
{
    class Div
    {
        public int Divide (int a, int b)     //除法运算
        {
            return a / b;
        }
        static void Main (string [ ] args)
        {
            Div di = new Div ();
            int result = di. Divide (16, 4);
                Console. WriteLine (result);
                Console. Read ();
        }
    }
}
```

该示例运行后，结果等于4，现在为该类构建测试类，在解决方案管理器选中包，单击鼠标右键选择“添加”→“类”，在弹出窗口输入测试名称：DivTest，如图3—19所示。

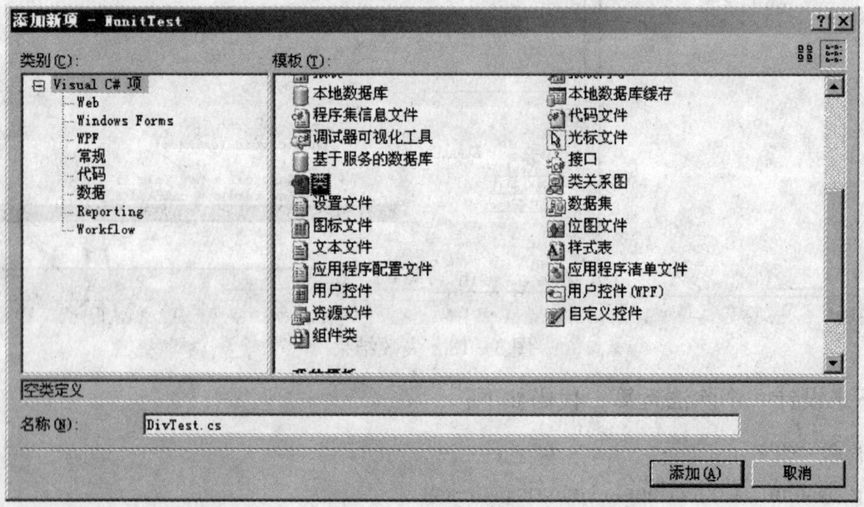

图3—19　添加测试类

测试代码如下：

```
namespace NunitTest
{
    [TestFixture]
    public class DivTest
    {
        [Test]
        public void TestDivide ( )
        {
            Div di = new Div ( );
            int result = di. Divide (16, 4);
            Assert. AreEqual (4, result);
        }
    }
}
```

在 NUnit 中运行，测试通过，修改数据，如下：

```
int result = di. Divide (16, 0);
```

再次运行，运行失败，结果如图 3—20 所示。

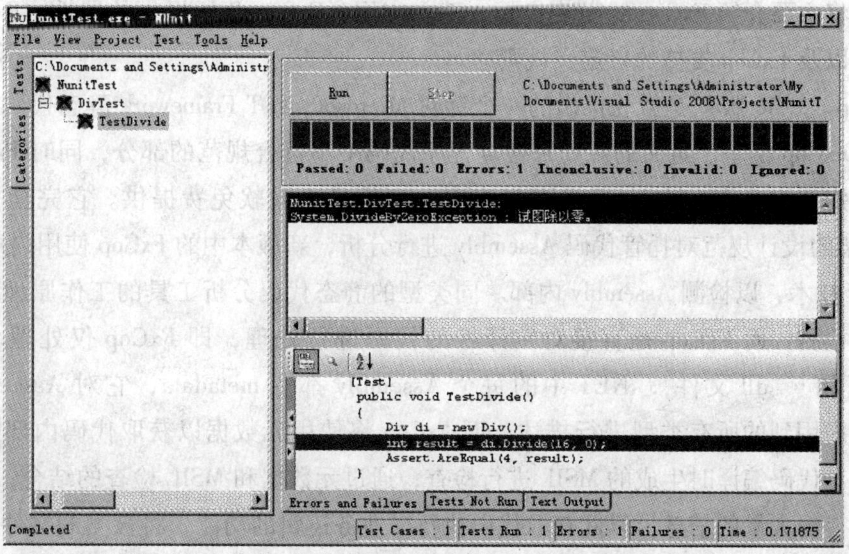

图 3—20 NUnit 运行结果

从图 3—20 可以发现，由于除数为零，导致产生错误，因此，在设计时必须避免该问题，这就需要在脚本中对异常进行处理。脚本如下：

```
[Test]
[ExpectedException (typeof (DivideByZeroException))]    //异常处理
public void TestDivide ()
{
    Div di = new Div ();
    int result = di. Divide (16, 0);
    Assert. AreEqual (4, result);
}
```

再次运行，测试通过。

NUnit 测试框架可以捕获任何异常，并且把它生成一个错误报告，这一切都是自动完成；同时 NUnit 不只是让一个断言失败，而是能够指定错误类型，并且新版本的 NUnit 工具能够定位错误的代码的位置，这对错误的查找将起到非常重要的作用。

第 2 节　FxCop 安装与应用

本节将主要介绍 FxCop 的安装步骤、基本应用、FxCop 分析报告的属性、FxCop 的基本规则，以及 FxCop 支持的自定义规则。

FxCop（1.36 版）是微软推出的一个针对 Microsoft. NET Framework 静态代码的测试分析工具，FxCop 是基于定义的规则来检查程序代码中不符合规范的部分，同时 FxCop 也支持用户自定义编码规则加入至规则列表中，该项目由微软免费提供。它完全按照微软 .NET 框架的设计规范对托管代码 Assembly 进行分析，新版本中的 FxCop 使用内窥（Introspection）技术，以检测 Assembly 内部。同类型的静态代码分析工具的工作原理都是对源代码进行检测，而 FxCop 是直接对编译好的代码进行处理，即 FxCop 仅处理 .NET 中的 *.exe 和 *.dll 文件，.NET 中的每个 Assembly 都有 metadata，它对 Assembly 以及 Assembly 内用到的所有类型进行描述，而 FxCop 将使用元数据以获取代码内部的运行状况，同时对代码编译时生成的 MSIL 进行检查；通过元数据和 MSIL 检查的结合，FxCop 工具将可以得出大量的信息，以此获取代码执行时业务逻辑的功能，将被测的文件中的代码与内置的各条规则逐一比较检查，在每一个实例中如发现不符合规则的代码将生成一条信息。

MSIL：Microsoft Intermedicate Language，微软中间语言。

Metadata 又称为元数据，是关于一个 Assembly 中各元素的类型信息库，它本身也存放在这个 Assembly 中。

FxCop 是基于定义的规则来检查程序代码中不符合规范的部分，同时 FxCop 也支持用户将自定义编码规则加入至规则列中，该项目由微软免费提供。

一、FxCop 安装

1. FxCop 安装前环境配置

在安装 FxCop 之前需要有 . NET2. 0 Framework 的支持，因此先检查系统中是否已安装了 . NET2. 0Framework，然后双击运行 FxCopSetup. exe，在弹出窗口中单击“Next”按钮，选中“I have read and accept the license terms.”，如图 3—21 所示。

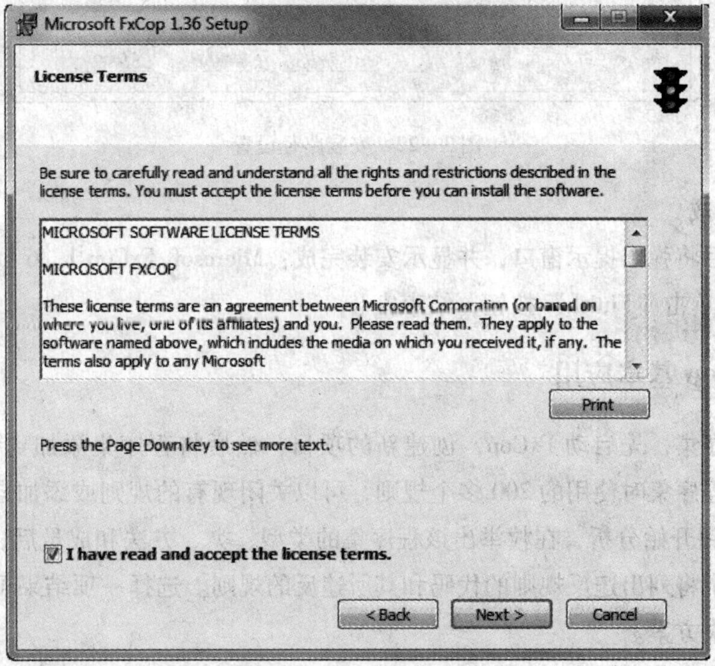

图 3—21　版权信息界面

2. FxCop 安装路径选择

在窗口中单击“Next”按钮，首先设置安装路径，然后单击“Install”按钮进行安装，如图 3—22 所示。

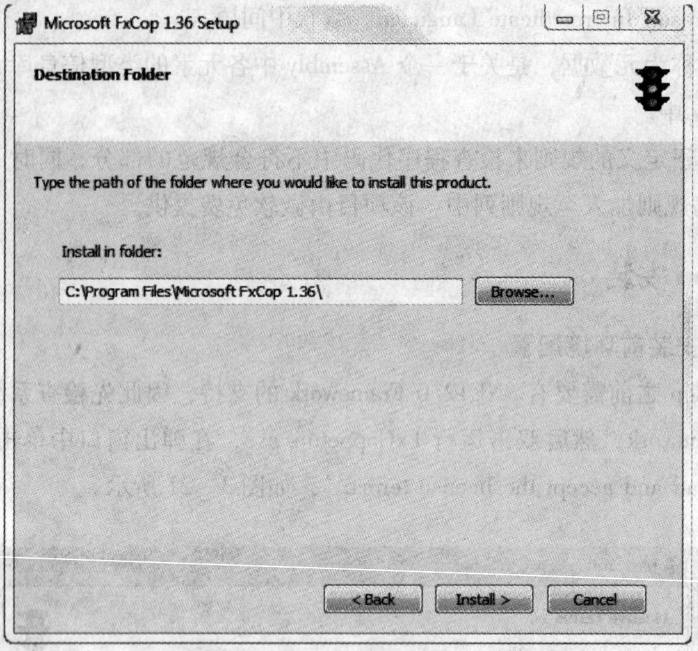

图 3—22　安装路径设置

3. 安装完成

安装完成后将弹出提示窗口，并显示安装完成：Microsoft FxCop 1. 36 has been successfully installed，单击“Finish”按钮，结束安装。

二、FxCop 基本应用

要分析程序集，先启动 FxCop，创建新的项目，然后将程序集添加到该项目，FxCop 会显示分析该程序集时使用的 200 多个规则，可以关闭现有的规则或添加自定义规则，单击“分析”按钮开始分析，在枚举出该程序集的类型、类、方法和成员后，FxCop 会显示分析结果，其中将列出违反规则的代码和其所违反的规则。选择一项结果可以查看更加详细的描述和解决方案。

FxCop 作为独立的应用程序提供给用户时，程序中还包含命令行实现功能，用户可轻松将其插入自动执行的构建过程中。这里仅就可视化操作过程举例介绍其步骤。

1. 打开 FxCop，新增一个项目，或者打开已有的项目，如图 3—23 所示。

2. 新增一个检查目标，并选择一个或多个 . Net 组件，此步需要制定待分析的中间程序集（. dll 或 . exe 文件），每个 FxCop 项目都可以添加多个文件，如图 3—24 所示。

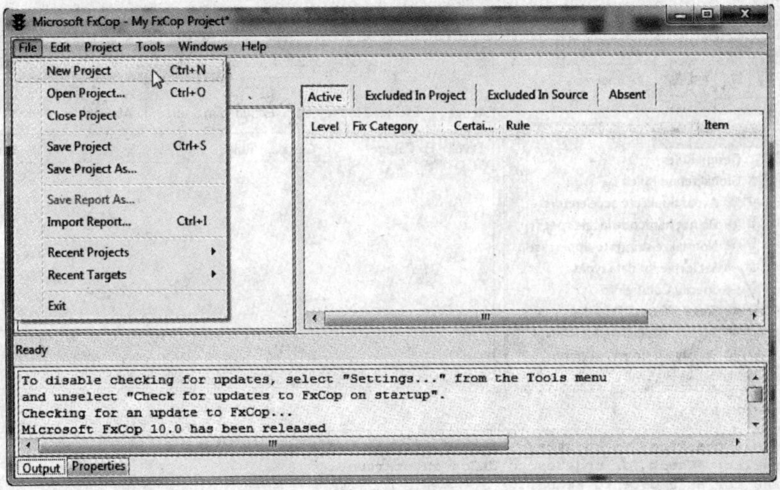

图 3—23　FxCop 窗口

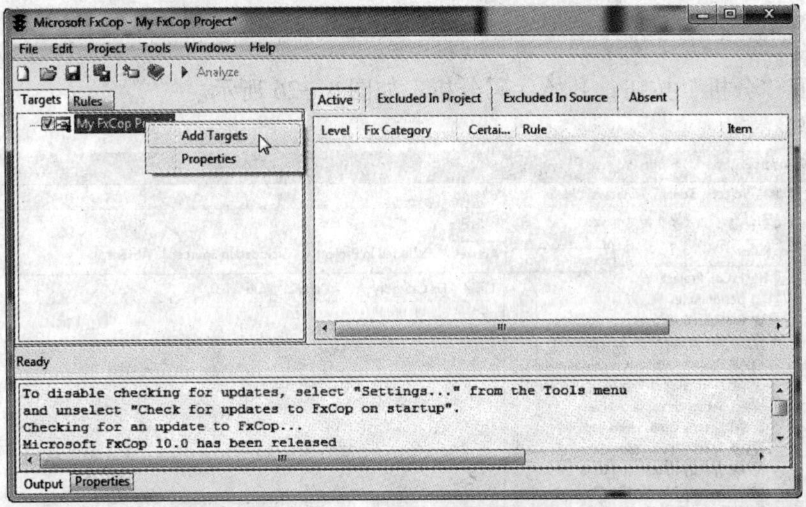

图 3—24　新增检查目标

3. 切换到规则选项卡，选择相应的规则。FxCop 默认规则，分为九大类：设计规则、全球化规则、互操作性规则、移动性规则、命名规则、性能规则、移植性规则、安全性规则和使用性规则，涉及 200 多条，如图 3—25 所示。用户可以有针对性地选择相应的规则进行分析，还可以根据项目需求自定义一些规则。FxCop 能分析编译 .NET 程序集的中间代码，并提供相关的建议来改进设计、安全性和性能。默认情况下，FxCop 根据开发类库的设计原则设定的规则来分析程序集。

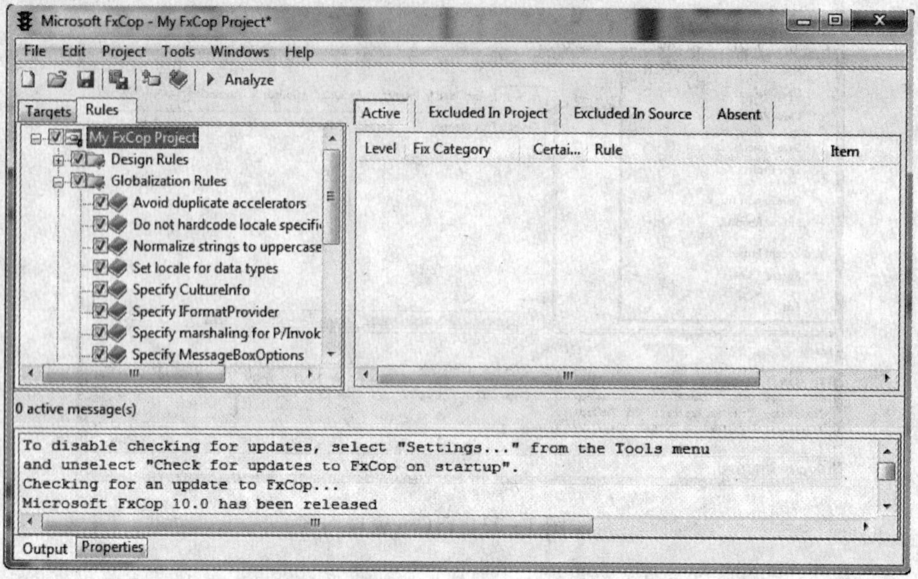

图 3—25　FxCop 规则

4. 按下“分析”按钮，开始代码分析，如图 3—26 所示。

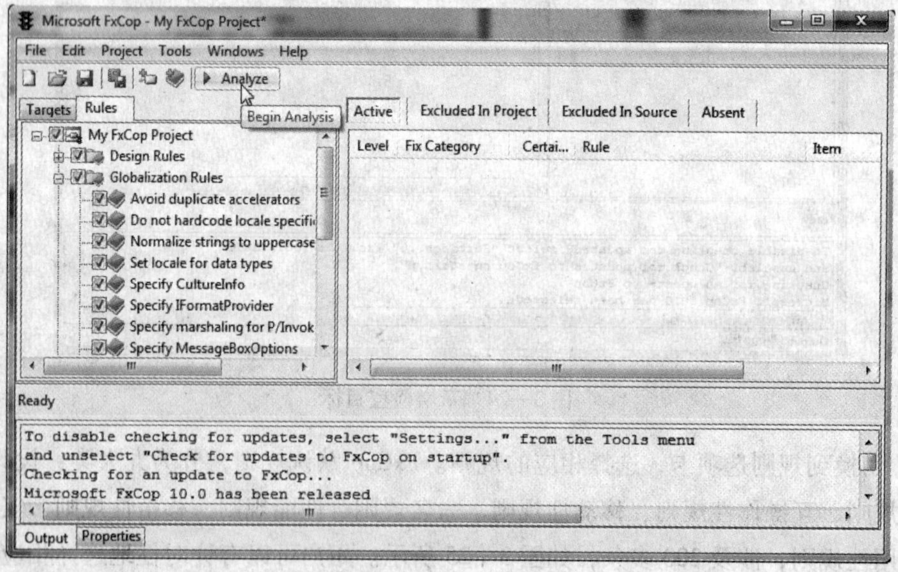

图 3—26　FxCop 规则分析

5. 查看分析报告，或者以 . XML 格式进行保存。用户可以通过右键快捷方式打开每条报告信息的属性窗口，也可以直接双击相应的信息条目，如图 3—27 所示。

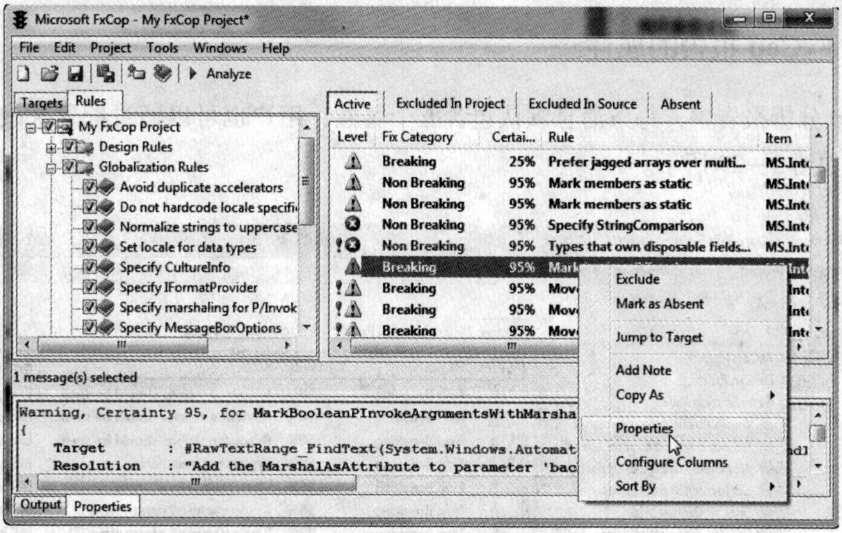

图 3—27　FxCop 分析报告

在详细报告窗口，可以看到更详细的说明，包括存在的问题、解决方式、规则的详细说明、侦测到的方法、帮助信息等内容，如图 3—28 所示。

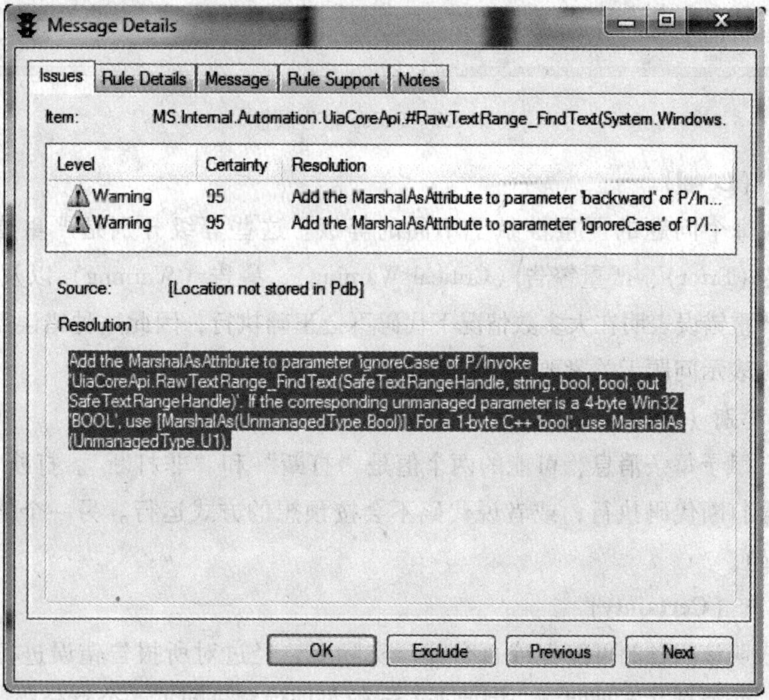

图 3—28　详细报告窗口

三、FxCop 报告的属性

FxCop 分析报告中，每条消息默认包含五个属性，用户也可以通过配置来改变要显示的属性，如图 3—29 所示。

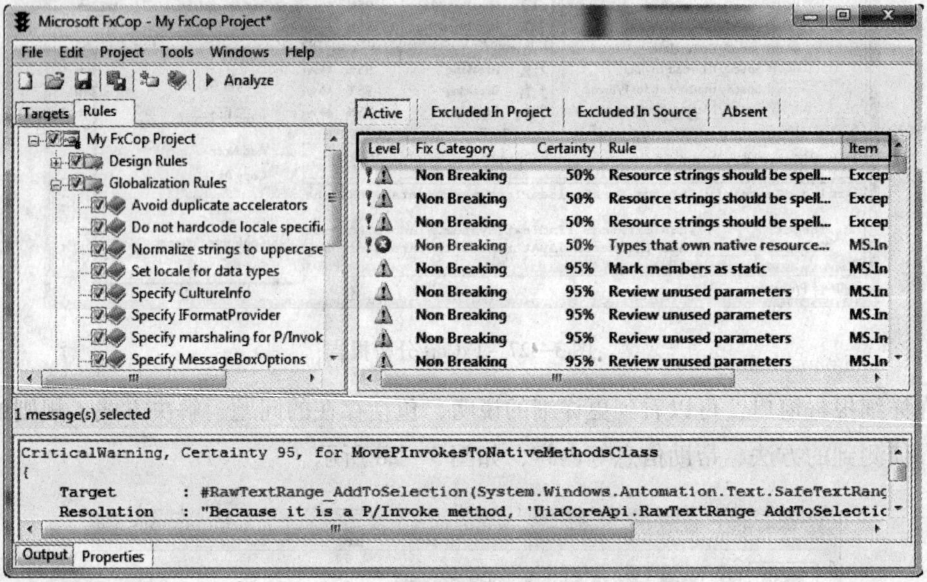

图 3—29 FxCop 报告属性

1. 等级（Level）

FxCop 为每个问题的严重性赋予不同的等级。这些等级分别是严重错误（Critical Error）、错误（Error）、严重警告（Critical Warning）、警告（Warning）以及信息（Informational）。严重错误表明在大多数情况下代码不会正确执行，因此这种错误需要及时得到处理。信息则表示问题无关紧要，仅仅对代码信息进行归纳。

2. 修复类别（Fix Category）

由 FxCop 赋予每条消息，可能的两个值是“打断”和“非打断”。打断（Breaking），表明该问题会打断代码执行，或者说代码不会按预想的方式运行。另一个值就是非打断（Not Breaking）。

3. 确信度（Certainty）

确信度表明该问题的可能性或百分比。实际上，经过对所报告错误进行检查分析之后，会发现一些消息并不是问题，因此 FxCop 给每项信息分配了一个百分比，表示对这个问题的确信程度。

4. 规则（Rule）

产生这个消息的规则名称。

5. 项目（Item）

产生这个消息的目标项目名称。

四、FxCop 报告的详细分析

FxCop 分析报告，不但通过分析引擎识别出对已定义规则的违反情况，还提供详细的分析和推荐的解决方法。

1. 问题（Issues）选项卡（见图 3—30）

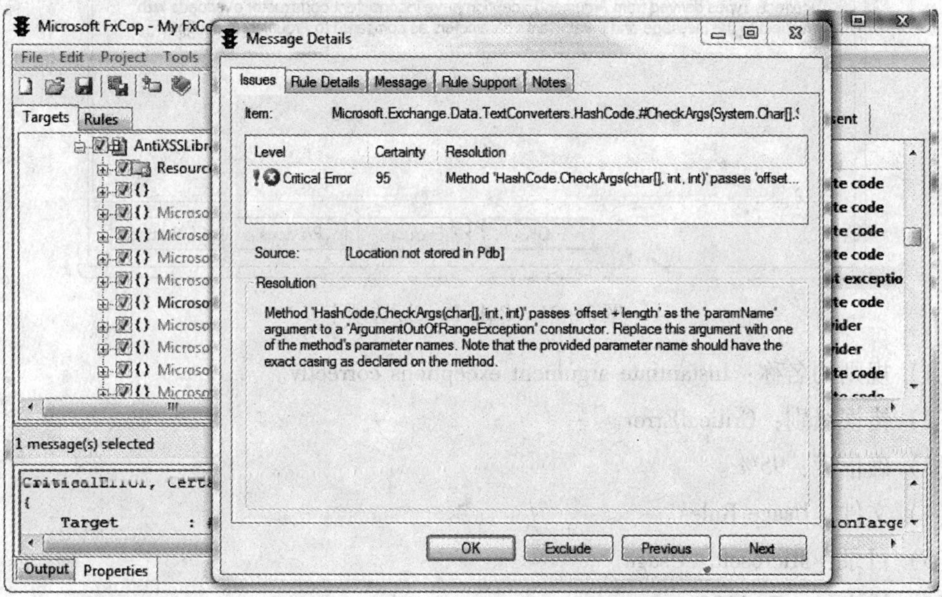

图 3—30 Issues 选项卡

问题出处：Microsoft. Exchange. Data. TextConverters. HashCode. #CheckArgs（System. Char［］, System. Int32, System. Int32）。

解决方法：Method 'HashCode. CheckArgs（char［］, int, int）' passes 'offset + length' as the 'paramName' argument to a 'ArgumentOutOfRangeException' constructor。Replace this argument with one of the method's parameter names。Note that the provided parameter name should have the exact casing as declared on the method。

2. 详细规则（Rule Details）选项卡

该选项卡（见图 3—31）中，详细定义了规则的相关信息。

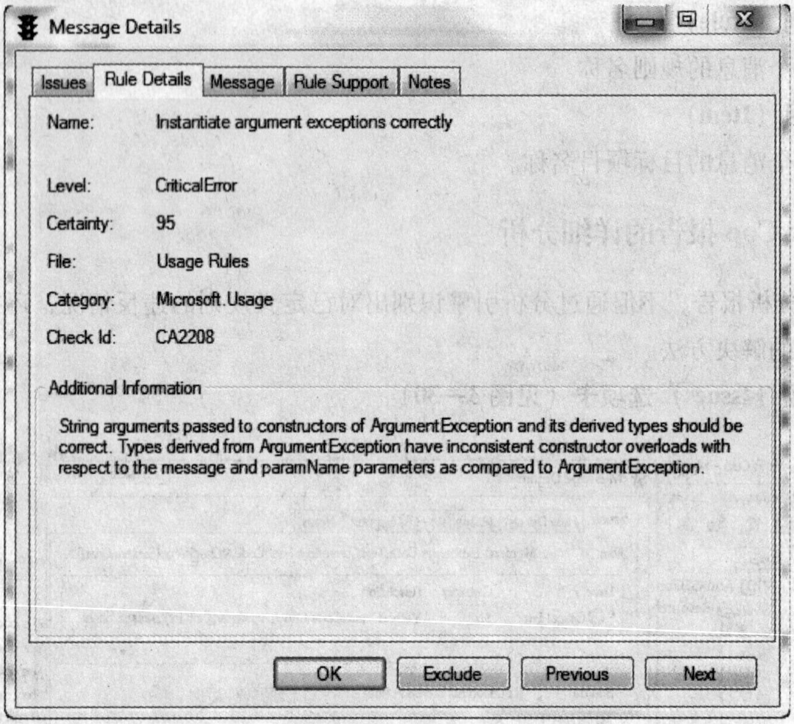

图 3—31　Rule Details 选项卡

（1）规则的名称：Instantiate argument exceptions correctly。

（2）错误级别：CriticalError。

（3）确信度：95%。

（4）文件：Usage Rules。

（5）目录：Microsoft、Usage。

（6）检查号：CA2208。

（7）附加信息：String arguments passed to constructors of ArgumentException and its derived types should be correct。Types derived from ArgumentException have inconsistent constructor overloads with respect to the message and paramName parameters as compared to ArgumentException。

3．消息（Message）选项卡

该选项卡主要指明了代码扫描的目录结构及文件信息，如图 3—32 所示。

4．规则支持（Rule Support）选项卡

规则支持选项卡，提供指向 MSDN 网站的一个链接，里面包含了相应规则的详细分析，如图 3—33 所示。

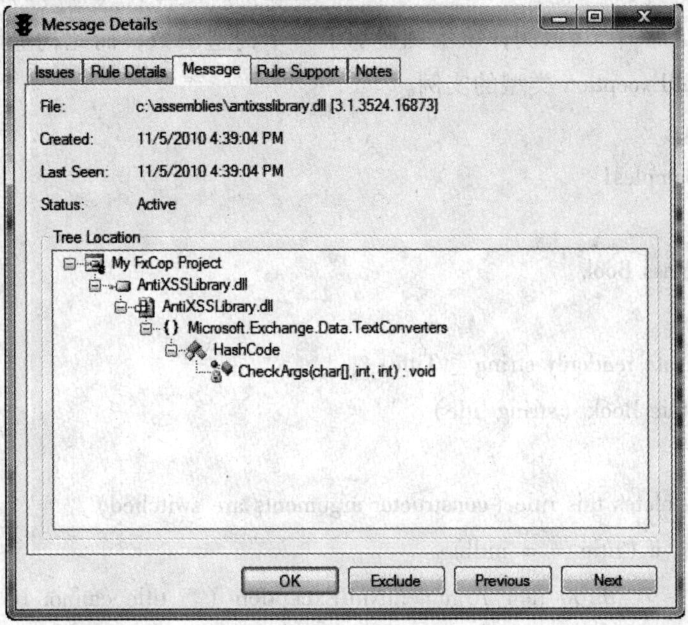

图 3—32　Message 选项卡

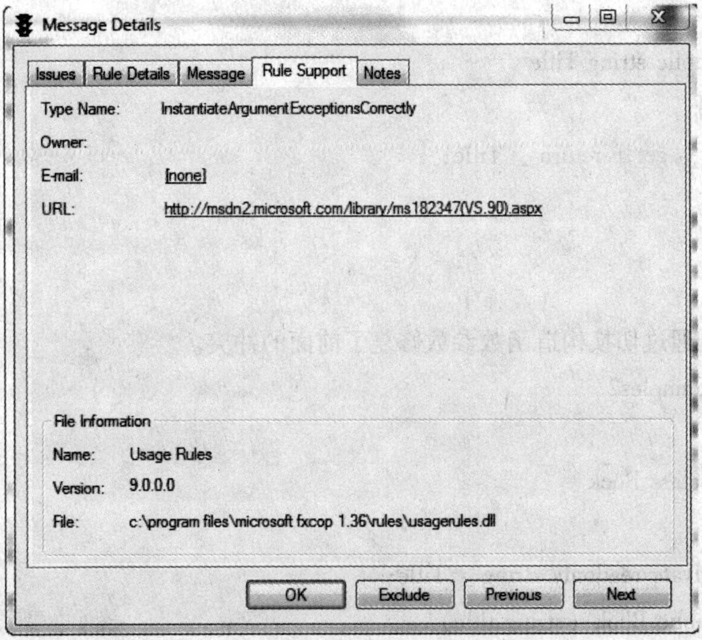

图 3—33　Rule Support 选项卡

例如：打开 http://msdn.microsoft.com/library/ms182347（VS.90）.aspx 页面，会看到针对该规则的一个 C#示例，该示例显示了一个构造函数，而此构造函数错误地实例化了 ArgumentNullException 类型的实例。

```
using System;
namespace Samples1
{
    public class Book
    {
        private readonly string _Title;
        public Book (string title)
        {
    // Violates this rule (constructor arguments are switched)
            if (title == null)
                throw new ArgumentNullException ("title cannot be a null reference (Nothing in Visual Basic)", "title");
            _Title = title;
        }
        public string Title
        {
            get { return _Title; }
        }
    }
}
```

下面的示例通过切换构造函数参数修复了前面的冲突。

```
namespace Samples2
{
    public class Book
    {
        private readonly string _Title;
        public Book (string title)
        {
            if (title == null)
```

```
throw new ArgumentNullException (" title", " title cannot be a null reference (Nothing in
Visual Basic)");
            _ Title = title;        }
        public string Title
        {
            get { return _ Title; }
        }
    }
}
```

5. 备注选项卡

在备注选项卡中，开发人员可以添加各种备注信息，如图 3—34 所示。

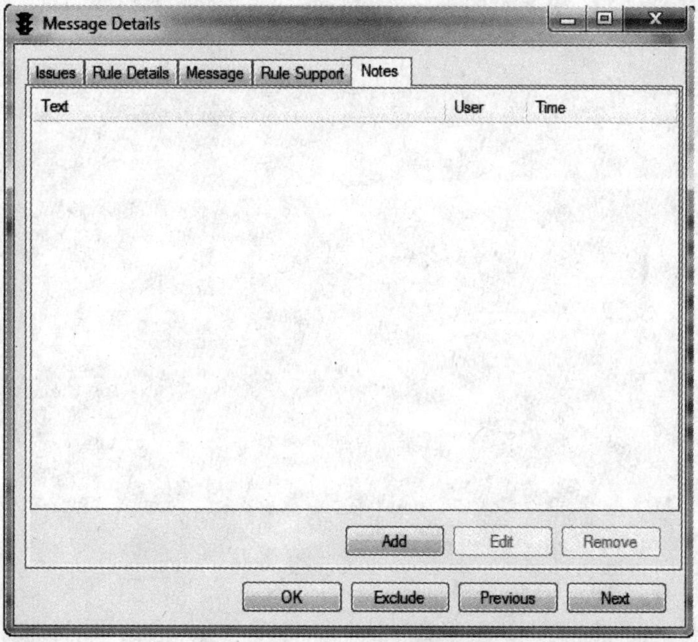

图 3—34　Notes 选项卡

注：FxCop 默认的九大类规则详细信息，请参见附录。

```
throw new ArgumentNullException("title", "title cannot be a null reference (Nothing in Visual Basic)");
        Title = title;
    }
    public string Title
    {
        get{return _Title;}
```

3. 帮助选项卡

在"帮助"选项卡中，开发人员可以添加帮助信息，如图3-34所示。

图3-34 Action 选项卡

[illegible]的几大类别的详细信息，请参见附录。

第 4 章

软件测试管理与应用

第1节 测试计划与测试用例

一、测试计划

通常在测试一个完整的软件系统前，需要按客户要求搭建好各类测试环境，设计编写大量的测试用例，而后进行测试并对测试数据进行分析统计，在整个实施过程中将涉及大量的人员，人员分工协作、任务分配、前后搭配关系等各类问题都需要妥善处理，为了让测试工作顺利实施就必须制订好项目的测试计划。

测试计划是对整个被测软件或是对各个开发阶段的软件产品开展测试的策略，通常测试计划需要解决下列问题：

- 测试的目标是什么？
- 什么时间测试结束？
- 需要构造搭配什么样的软硬件环境？
- 运用哪些测试方法，划分哪几个阶段？
- 如何设计测试用例？
- 集成测试、系统测试、验收测试、回归测试如何开展？
- 人员、时间的安排，以及存在哪些风险等。

1. 测试计划的目标

（1）使软件测试工作进行得更顺利。软件测试计划应全面考虑并明确计划将要进行的软件测试采用的模式、方法、步骤以及可能遇到的问题与风险等内容，以使测试执行、测试分析和测试报告的准备工作更加有效，使软件测试工作进行得更顺利。

在软件测试过程中，常常会遇到一些问题而导致测试过程被延误，这其中有许多问题可以预先做好防范。此外，测试计划中也要考虑测试风险，这些风险包括：测试中断、设计规格不断变化、人员不足、人员流失、人员测试经验不足、测试进度被压缩、软件硬件资源不足及测试方向错误等，这些都是不可预期的风险。对测试计划而言，凡是影响测试过程的问题，都要考虑在计划内容中，也就是说要对测试项目的进行做出最坏的打算，然后在这些最坏的打算中选择最好的解决方法，尽量避开这些风险。

（2）促进项目参加人员彼此的沟通。测试过程必须有相应的条件才能进行。如果程序员只是编写代码，而不说明它做什么、如何工作、何时完成，测试人员很难执行测试任务。同样，如果测试人员之间不对计划测试的对象、测试所需的资源、测试进度安排等内容进行交流，整个测试项目很难成功。测试计划将测试组织结构与测试人员的工作分配纳入其中，使测试人员之间彼此了解所完成的测试工作内容，并在测试方向、测试策略等方面达成一定的共识。此外，软件测试计划也是软件测试人员与产品开发人员交流的主要依据。

（3）使软件测试工作更易于管理。制订测试计划的另一个目的，就是让整个软件测试工作采取系统化的方式来进行，这样会使软件测试工作更易于管理。测试计划包含了两种重要的管理方式：一个是工作分解；另一个是监督和控制。对软件测试计划来说，工作分解就是将所有的测试工作一一细化，这有利于测试人员的工作分配。在进行软件测试时，管理人员可以使用有效的管理方式来监督、控制测试过程，掌握测试工作进度。

2. 测试计划制订的原则

制订测试计划作为整个软件测试工作中最基本和最有挑战性的工作，必须遵守以下原则：

（1）测试计划应尽早开始。

（2）测试计划必须简洁，易于执行。

（3）测试计划必须保持适度的灵活性，并参照20/80原则进行适当的风险预留。

（4）测试计划必须充分考虑成本。

（5）对测试计划必须进行评审。

（6）测试计划必须依据项目开发进程制定预期目标，保证测试顺利实施。

3. 测试计划的制订与实施（见图4—1）

软件测试是软件项目开发中的重要组成部分，而测试计划是保证软件测试高效、有序进行的纲领性文件；测试计划的概述也直接确定了测试过程的具体实施方案，最终保证整个测试过程按计划实施。测试计划概述是整个项目组成员的期望，所以必须经项目组全体成员讨论、同意后确定。测试计划必须主题清晰、简洁并经测试人员一致通过，在实施过程中才能畅通无阻，避免不必要的争论。

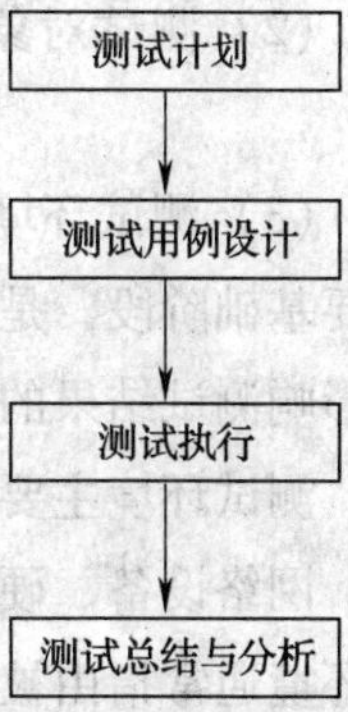

图4—1　测试过程

软件测试有一个重要的事实：任何软件测试过程都不可能保证软件100%的无错误。因此，测试计划概述中就非常需要制定一个相对完善、合理的通过标准，从而确保软件的质量。测试计划重点在于对整个测试项目工作的计划的实施，并不仅仅是用来记录最终结果的文档。

制订测试计划通常是测试工作的第一个任务，一般来说应该由具有丰富测试经验的专业人员来完成。在进行测试计划的过程中，测试人员要明确地规定测试活动的范围、方法、资源和进度，明确正在测试的项目、测试的重点难点、每个任务的相关负责人、与测试相关的风险。对于测试计划，关键是测试需求的确定，测试需求确定了测试工作的范围和整个测试工作，是进行其他测试的纲领性文件。在计划测试过程中，应当明确每一个测试阶段的具体含义、工作内容和最终交付的成果。对于定义测试阶段，更多的是为了形成测试工作的连贯性，并有助于准确地衡量测试工作量。

一般来说，一个完整的测试计划主要包括以下几个方面：

（1）编写目的、术语和参考资料

1）编写目的。编写测试计划的目的是使整个项目组更清楚测试的实施进度、方法、人员安排及相关信息，同时也可以让公司高层及客户看到整个项目的实施过程，从而确保软件产品的质量。

2）术语。术语一般是在特定领域指定的具有特殊含义的语句。现在软件项目文档中越来越多地使用了缩写，为了避免和相关领域中的术语冲突，所以必须对术语进行声明。

例如：ATM 在银行中指的是“Automatic Teller Machine”自动柜员机，而在技术领域指的是“Asynchronous Transfer Mode”异步传输模式。因此，为了避免不必要的误解，通常在项目文档中都有术语一栏，有的表述为约定。

3）参考资料。任何计划都不是凭空想象而得出的，在编写测试计划时必须明确项目各阶段的入口和出口准则，例如：编写测试计划必须参考《项目计划》《客户需求规范说明书》《软件需求规范说明书》等必需的参考资料，同时也可以借鉴与项目相关行业的信息及相关国际、国内和行业标准规范等。

（2）测试对象。测试对象主要针对被测产品的行业背景、特点、应用范围进行选取。

（3）测试环境配置。测试环境配置是测试计划中的关键点之一，也是测试实施的一个重要基础阶段，是进行软件测试所必需的工作平台和前提条件，测试环境搭建不当将会严重影响测试结果的真实性和准确性。

测试环境主要包括硬件环境和软件环境，硬件环境通常指测试必要的服务器、客户端、网络设备、硬盘、CPU、内存以及打印机、扫描仪等辅助硬件设备所构成的环境；软件环境通常指由被测软件运行的操作系统、数据库、浏览器、杀毒软件以及其他常用软件构成的环境。在实际测试环境中，软件环境又可分为主测试环境和辅测试环境。主测试环境是符合测试软件功能、安全可靠性、性能、易用性等大多数指标的主要环境；辅测试环境主要用于满足不同的测试需求或特殊测试项目。

一般来说，配置测试环境主要遵循以下原则：

1）被测试软件运行的最低配置要求，即测试环境首先要保证支撑软件正常运行。

2）测试环境应尽量简单、独立，避免不相关的软件影响测试的实施。

3）软件版本保持最新，同时避免安装多个版本。

4）保证测试平台没有病毒。

5）保证环境前后一致。

6）兼容性检查等。

（4）测试阶段。软件测试主要分为以下几个关键阶段：

1）单元测试。

2）集成测试。

3）系统测试。

4）验收测试。

5）回归测试。

（5）测试范围。在有时间约束和工作产品质量约束的情况下，唯一能够调整的就是范围。在实际工作中，人们总是不自觉地在调整软件测试的范围，如在时间紧张的情况下，通常优先完成重要功能的测试。作为测试管理者，在接到一项测试任务时，需要根据主项目计划的时间来确定测试范围。如果在确定范围上出现偏差，会给测试执行工作带来消极的影响。确定范围前管理人员需要进行任务的划分，即分解测试任务。分解任务有两个方面的目的，一是识别子任务，二是方便估算资源的需求。完成上述工作之后，管理者便需要根据项目的历史数据估算出完成这些子任务一共需要消耗的时间和资源。

（6）时间与人员安排。测试计划需要明确在项目组中测试人员的工作安排和时间控制，真正掌握人员具体在做什么，是否符合工作进度，所有的测试问题是不是有人在跟踪等。

大型项目可能有很多部门，分布在不同的地域，测试人员可能要和项目组的很多成员进行沟通，所以就需要在测试计划中列出项目组主要成员的联系方式，例如：姓名、职务、地址、电话号码、e-mail 等。

以下资源也都是在编写测试计划期间必须考虑到的，例如：

1）人数如何安排、个人的优点、工作经验、全职或兼职等。

2）测试的每个阶段的时间安排。

3）人员的专业知识培训。

（7）缺陷定义。Ron Patton［美］在其著作《软件测试》中把符合下列五个问题的情况称为缺陷：

1）软件未达到产品说明书标明的功能。

2）软件出现了产品说明书指明不会出现的错误。

3）软件功能超出了产品说明书指明范围。

4）软件未达到产品说明书虽未能指出但应达到的目标。

5）软件测试员认为软件难以理解、不易使用、运行速度缓慢，或者最终用户认为软件不好。

以上列举的缺陷定义不是绝对的，软件缺陷的定义，不同的项目组成员都有不同的见解，所以在项目中定义缺陷是必不可少的环节，其目的主要是尽量避免项目组成员对缺陷的争议。

（8）回归测试方法。在软件生命周期中，即使一个得到良好维护的测试用例库也可能变得相当大，使得每次回归测试都重新运行完整的测试用例变得不切实际，时间和成本的限制也不允许进行完全的测试，这时就需要从测试用例库中选择有效的测试用例，构造一个缩减的测试用例组来完成回归测试。

回归测试的价值在于它是一个能够检测到回归错误的受控实验。当测试组选择缩减回归测试时，有可能忽略可以发现揭示回归错误的测试用例，从而错失发现回归错误的机会。然而，如果采用回归测试策略和方法，就可以决定哪些测试用例可以被删除而不会影响回归测试的结果。

（9）测试开始准则。通常项目计划的制订完成和评审通过就意味着测试工作的启动，同时，以下几个要素实施均可视为测试工作开始的标志：

1）测试人员进驻项目。

2）测试环境的前期调研。

3）对项目产品进行对比分析。

（10）风险评估与管理。通常软件测试的风险主要指软件测试过程中出现的或潜在隐藏的问题，造成软件测试风险的原因是多方面的，如测试计划准备不充分、测试策略和方法有误、相关执行人员出现偏差等均会造成测试结果的不准确，进而产生风险。这些问题如果在交付给客户使用时爆发，所产生的负面影响将无法估量。

项目中总是有不确定的因素，这些因素一旦出现，就会对项目的顺利执行产生相当大的消极影响。所以在项目中，首先需要识别出存在的风险。风险识别的原则可能有很多，常见的一种就是如果一件事情发生后，会对项目的进度产生较大影响，那么就可以把该事件作为一个风险。识别出风险后，管理者需要按照这些风险制定出规避风险的方法。在小的项目中，识别风险和制定规避的方法可以省略。

测试计划风险一般指测试进度滞后或出现了非计划事件，即针对计划好的测试工作造成消极影响的所有因素。计划风险分析的任务是制订计划风险发生时应采取的应急措施。

常见的计划风险包括：交付日期、测试需求、测试范围、测试资源、人员的能力、测试预算、测试环境、测试支持、测试工具等。

风险分析是一个对潜在的问题识别和评估的过程，即对测试的对象进行优先级划分。通常将风险程度分为三级，即 H——高风险、M——中等风险、L——低风险。风险分析包括两个部分：发生的可能性；影响的严重性。加强风险管理，有利于提高软件质量，避免出现问题造成过大的损失。

（11）测试计划完成标准。任何计划的实施都必须要有一个完成标志，即对计划完成的一个客观评估，这也是验证计划实施通过与否的重要依据。

测试计划作为测试的纲领性文件，必须对整个测试的流程和最后的出口进行确认，所以计划在实施后必须依据测试计划定义的完成标准来决定软件产品是否发布。

通常确定测试计划实施后的完成标准的目的主要是确定软件产品质量是否基本合格，是不是在规定的时间内完成。以下列出三个测试计划完成标准的示例：

1）示例 1

①测试计划中的测试用例全部执行。

②测试中发现的缺陷均已解决，未解决的缺陷通过项目组讨论后延期解决。

③回归测试后没有发现新的缺陷。

④测试计划中的测试用例已全部重新执行，已知的所有缺陷都已按照商定的方式进行了处理，而且没有发现新的缺陷。

2）示例 2

①高优先级的测试用例全部执行。

②严重级高的缺陷全部解决。

③高优先级的测试用例已全部重新执行，已知的所有缺陷都已按照商定的方式进行了处理，而且没有发现新的缺陷。

3）示例 3

①测试计划中的测试用例全部执行。

②严重性缺陷全部解决。

③回归测试中发现的问题已全部解决或新增的缺陷按照商定的方式进行了处理。

二、测试用例管理

测试用例是测试人员编写的，它和程序设计一样，都要经过“设计”“开发”“测试”“版本管理”“发布”“维护”等过程，其中测试用例的版本管理是核心，图 4—2 列出了测试用例的管理过程。

其中用例评审主要是寻找用例设计中的不足，评审结束后，用例设计人员根据评审意见对设计进行修改，最后放入测试用例库中。

由于软件产品是一个不断修改、更新的过程，所以测试用例也必须定期进行更新，以保证测试用例的可执行性。测试用例一般用数据库、Word、Excel 或市场上较为成熟的商业工具或开源工具进行管理。对于一般中小企业，使用文档管理测试用例是较为方便、经济的，但同时也有一定的缺陷，例如不利于测试用例的跟踪、自动统计测试用例的执行结果报告，无法根据软件模块关系、用例优先级、测试用例类型等进行筛选。

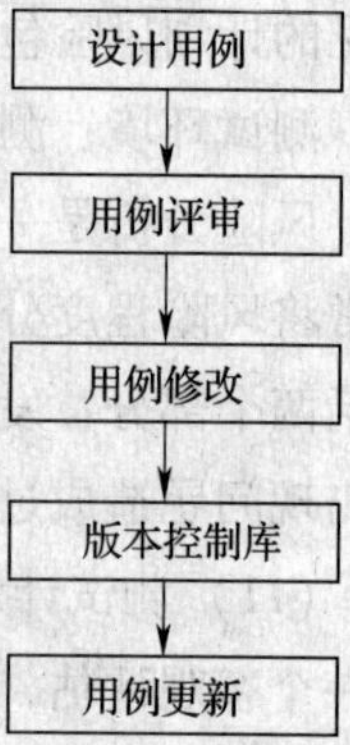

图 4—2　用例管理

加强测试用例的管理，将有利于后续的测试执行过程的进行，从而从源头上保证软件产品质量。

第 2 节　缺陷管理与分析

一、缺陷管理

1. 缺陷的描述

软件缺陷的描述是软件缺陷报告中测试人员对问题陈述的一部分，并且是软件缺陷报告的基础部分。同时，软件缺陷的描述过程也是测试人员就一个软件问题与开发小组交流的最初且最好的机会。一个好的描述需要使用简单、准确、专业的语言来抓住缺陷的本质。否则，它就会使信息含糊不清，可能会误导开发人员。以下是软件缺陷的有效描述规则：

（1）单一准确。每个报告只针对一个软件缺陷，在一个报告中报告多个软件缺陷的弊端是常常会导致只有其中一个软件缺陷得到注意和修复。

（2）可以再现。提供这个缺陷的精确步骤，使开发人员容易看懂，可以再现并修复缺陷。

（3）完整统一。提供完整、前后统一的软件缺陷的修复步骤和信息，例如图片信息、Log 文件等。

（4）短小简练。通过使用关键词，使软件缺陷的标题描述短小简练，且能准确解释缺陷的现象。

（5）特定条件。许多软件功能在通常情况下没有问题，但在某种特定条件下会存在缺陷，所以软件缺陷描述不要忽视这些特定条件。

（6）补充完善。从发现 Bug 那一刻起，测试人员的责任就是保证它被正确的报告，并且得到应有的重视，应监视其修复的全过程。

（7）不做评价。软件缺陷描述不要带有个人观点，不要对开发人员进行评价。软件缺陷报告应只针对产品。

遵循软件缺陷有效描述的规则会有下列益处：

1）清晰、准确的软件缺陷描述可以减少软件缺陷从开发人员返回的数量。

2）提高软件缺陷修复的速度，使每一个小组都能够有效地工作。

3）提高测试人员的信任度，可以得到开发人员对清晰的软件缺陷描述有效的响应。

4）增强开发人员、测试人员和管理人员之间的协同工作能力，让他们可以更好地工作。

2．缺陷管理目标

任何一个软件产品都无法避免出现软件缺陷，因此对缺陷的管理就非常重要，通常对缺陷的管理主要达到以下目标：

（1）保证所有缺陷都已解决。

（2）统计缺陷数据并进行比较分析。

（3）合理分配测试资源。

二、缺陷分析

即软件问题统计和分析，是在对软件产品测试过程中发现的问题进行充分分析、归纳和汇总的基础上，由全体参与测试的人员完成缺陷的统计和分析，对该软件或该类型系统软件产品在模块、功能及操作等方面出错倾向及其主要原因进行分析。软件问题统计和分析表能够对以后的项目有借鉴和参考作用，使相关的人员根据软件问题统计和分析表明确在以后的项目过程中注意并避免出现类似问题。

在测试的实施过程中，及时有效地对 Bug 进行总结和分析不仅可以调整测试的重点，而且会大大提高测试工作的效率，对缺陷的分析，主要从以下几方面进行：

1．缺陷与时间关系图

图 4—3 表示在一个测试阶段所发现的缺陷数与测试日期之间的对应关系，从图中可以发现，Bug 数是随着时间的推移而不断增加的，但一段时间后，发现的 Bug 数明显减少，图中的趋势线也变得比较平坦，甚至没有增加，如果测试仍在进行，那么表明，在现有的测试用例、软件硬件环境及相关运行条件下已很难再发现新的 Bug，测试应该考虑在适当的时间停止。

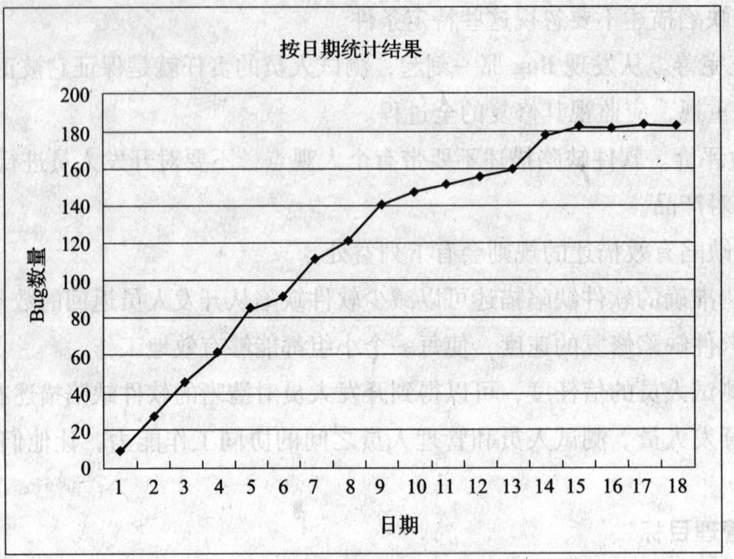

图 4—3　Bug 数量与时间关系图

2. 缺陷与版本关系图

图 4—4 表示的是软件的不同版本与在测试时检测出的 Bug 数的对应关系，从图中可以看出，软件版本在修复更新后，Bug 的数量明显减少，说明软件经过不同阶段的测试修复后正在慢慢趋于稳定，这种变化是非常理想的。

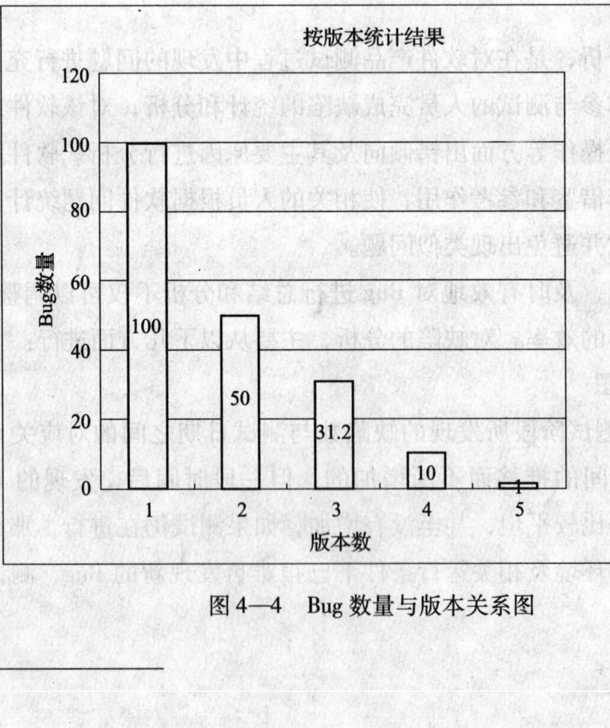

图 4—4　Bug 数量与版本关系图

3. 缺陷与设计类型关系图

图 4—5 表示测试所发现的 Bug 主要来源于软件工程过程，图中主要从四个方面进行分析，即：需求、设计、编码和测试阶段。该图表明在整个软件工程进行过程中都将会出现导致程序产生错误的因素，只是程度不同而已；同时通过对图 4—5 的分析，也可清楚地了解应该加强哪个阶段的控制。

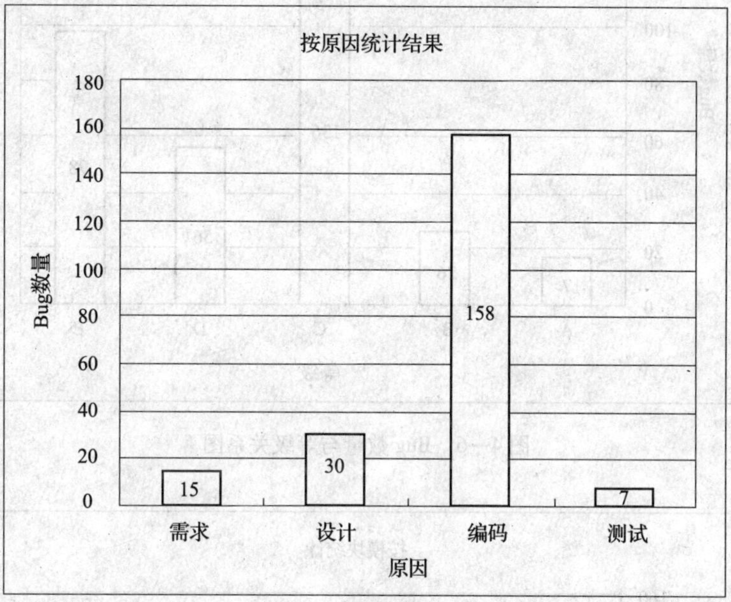

图 4—5　Bug 数量与设计类型关系图

4. 缺陷与优先级关系图

图 4—6 表示按不同的优先级的 Bug 分布图，其中 A ~ E 是从高至低，从图中可以发现，通过优先级的划分，可以知道软件的不足之处，以及重要的缺陷的分布。

5. 缺陷与模块关系图

图 4—7 表示按不同模块与 Bug 数目之间的关系，Bug 的产生有多方面的原因，图 4—7 可以反映出哪些模块的 Bug 多，从而可以知道产品的薄弱环节，也可以进一步反映出开发人员的工作能力或者责任感的不同。

6. 缺陷与状态关系图

图 4—8 表示的是在测试过程中每周发现的 Bug 数，包括新提交的，修复的，关闭的 Bug 关系图。图中的两条线反映的是错误累计新提交和关闭的 Bug 数，随着时间的推移，Bug 的数量都是不断增长的，但到某个时间点时，两条曲线会趋于会合，这充分说明所有发现的 Bug 都得到了及时的处理。

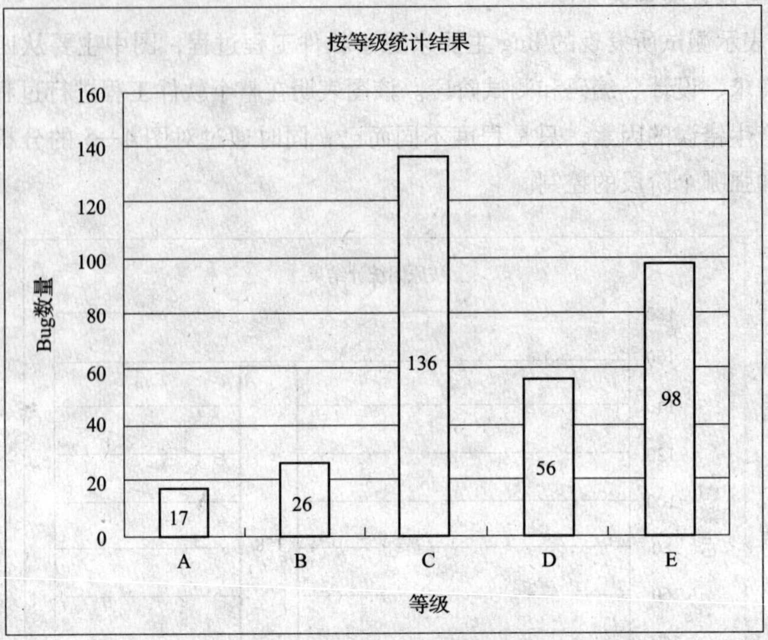

图 4—6　Bug 数量与等级关系图

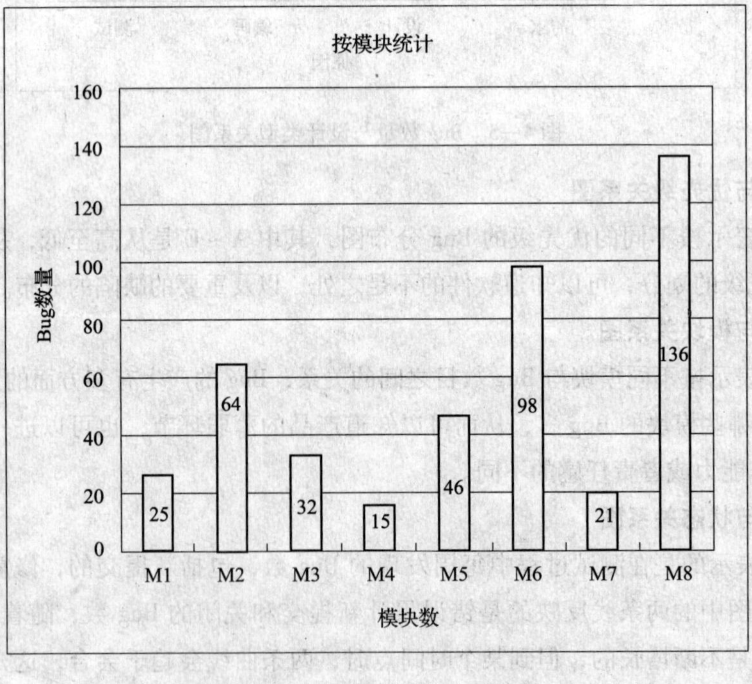

图 4—7　Bug 数量与模块关系图

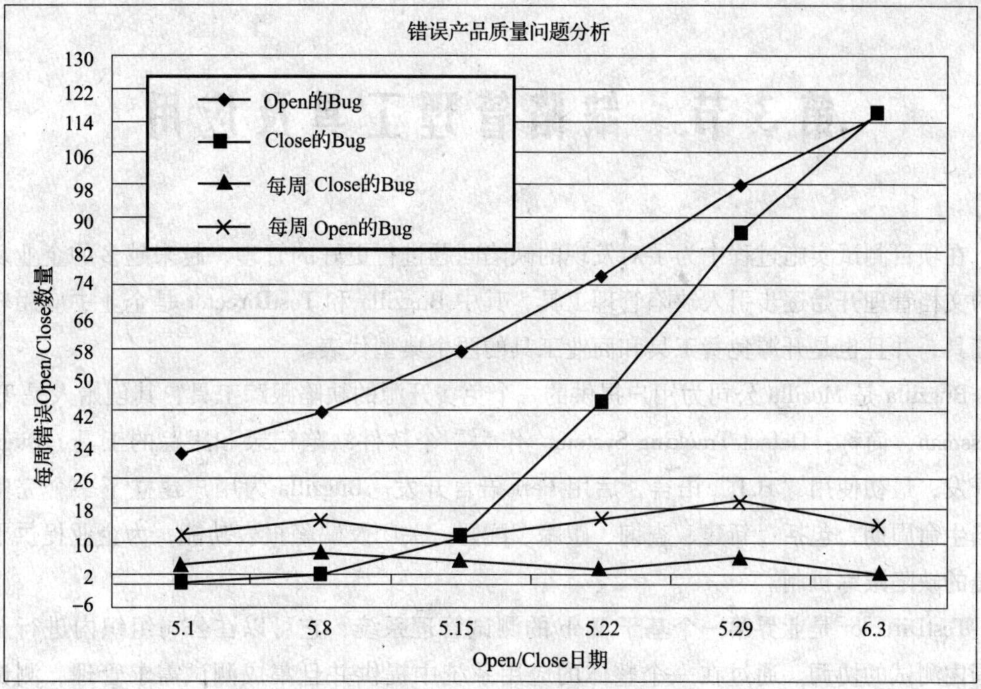

图 4—8　Bug 数量与状态关系图

7. 缺陷与错误类型关系图

图 4—9 表示是 Bug 错误的原因，其中 X 轴是错误的类型，Y 轴是 Bug 的数量，通过分类归并，可以更好地去发现和控制并减少错误的产生。

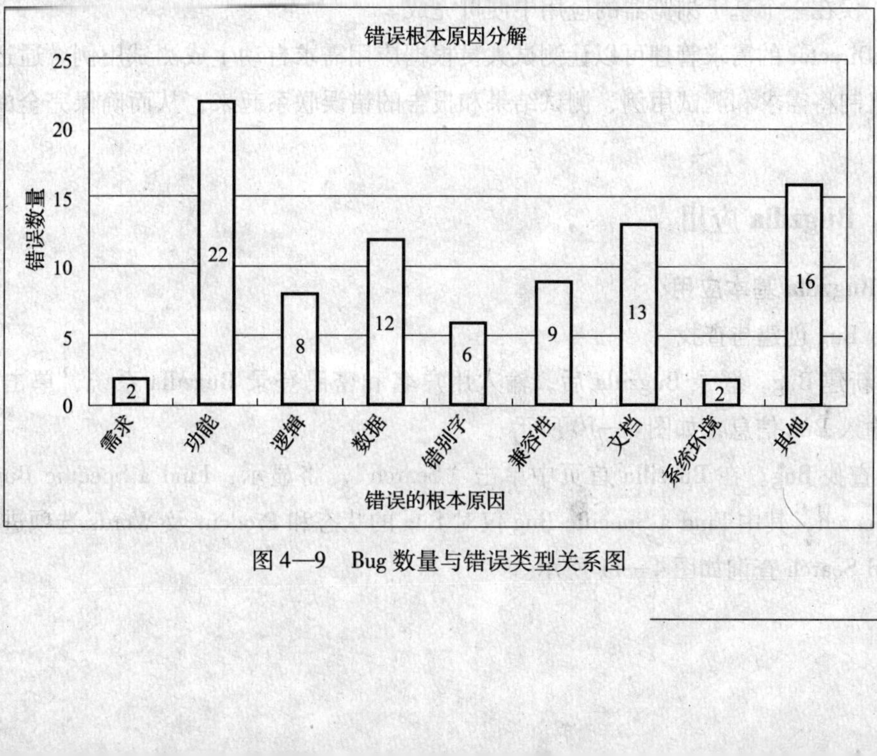

图 4—9　Bug 数量与错误类型关系图

第 3 节　缺陷管理工具及应用

在项目测试实施过程中为了对发现的缺陷问题进行更好的管理，越来越多的企业从早期的文档管理开始逐步引入缺陷管理工具，其中 Bugzilla 和 TestDirector 是企业中应用较多的工具，并且也是开源免费工具和商业工具的两个典型代表。

Bugzilla 是 Mozilla 公司为用户提供的一个免费开源的缺陷跟踪工具，其创始人是 Terry Weissman，简称：Defect Tracking System。作为一个软件缺陷记录和跟踪的工具，Bugzilla 的开发，最初使用“TCL”语言，后用 Perl 语言开发。Bugzilla 为用户建立了一个完整的缺陷生命周期，包括：新建、查询、跟踪、配置、关闭及缺陷报表功能，为企业提供了较完美的缺陷跟踪机制。

TestDirector 是业界第一个基于 Web 的测试管理系统，它可以在公司组织内进行全球范围内测试的协调。通过在一个整体的应用系统中提供并且集成测试需求管理、测试计划、测试日程控制以及测试执行和缺陷跟踪等功能，TestDirector 可极大地加速测试过程。

TestDirector 能消除组织机构间、地域间的障碍，能让测试人员、开发人员或其他的项目组成员通过一个中央数据仓库，在不同的位置就能互通测试信息。TestDirector 将测试过程形成流水作业——从测试需求管理，测试计划、测试日程安排、测试执行以至出错后的跟踪——仅在一个基于浏览器的应用中便可完成。

TestDirector 的需求管理可以让测试人员根据应用需求自动生成测试用例。通过提供一个直观机制将需求和测试用例、测试结果和报告的错误联系起来，从而确保完全的测试覆盖率。

一、Bugzilla 应用

1. Bugzilla 基本应用

（1）Bug 创建与查找

1）新建 Bug。登录 Bugzilla 后，输入用户名和密码登录 Bugzilla 系统，单击“New”链接，输入 Bug 信息，如图 4—10 所示。

2）查找 Bug。在 Bugzilla 首页中单击“Search”，将显示：Find a Specific Bug 和 Advanced Search，其中 Find a Specific Bug 仅对 Bug 的状态和 Prodcut 及 Words 选项进行查询；Advanced Search 查询如图 4—11 所示。

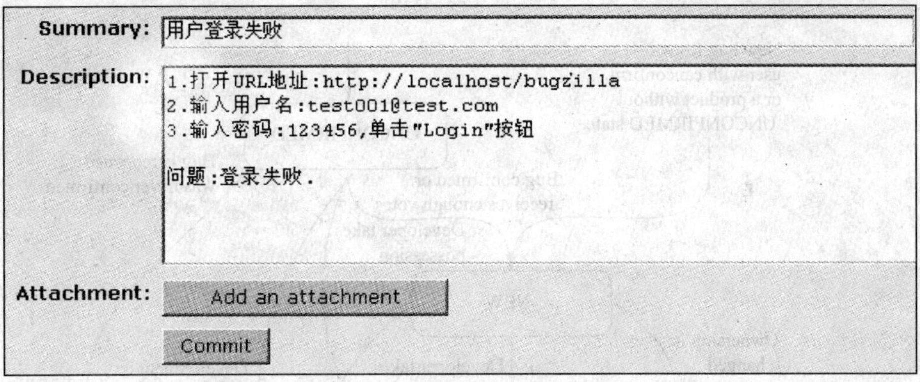

图 4—10　创建 Bug

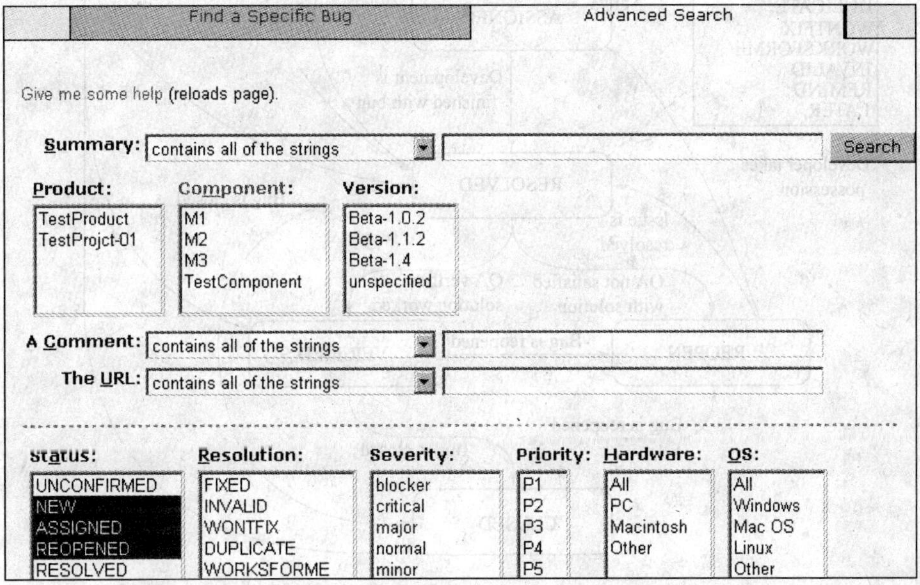

图 4—11　Bugzilla 查询

从图 4—11 可以发现，高级查找完全可以根据用户自定义的方式进行单个元素或多个元素组合查找，例如：Product + Component + Version + Resolution + Severity + Priority + OS 及缺陷状态进行精确定位查找。

（2）Bugzilla 生命周期。如图 4—12 所示是开源软件 Bugzilla 中描述的软件缺陷的生命周期（Life cycle of a Bug）。

从图 4—12 中可以看到，Bug 从最初的发现到最后的关闭完整经历的一个流程；并且 Bug 的各个状态间的关系也非常复杂。

（3）Bugzilla 的缺陷状态及含义，见表 4—1。

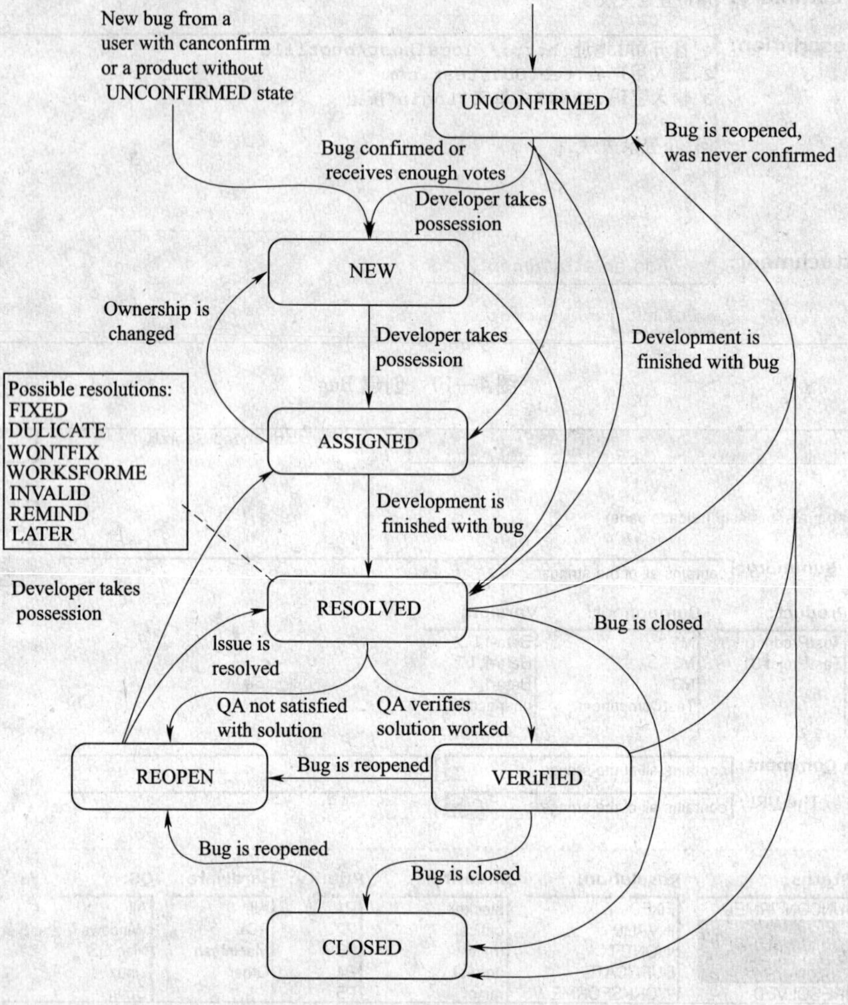

图 4—12　Bug 生命周期图

表 4—1　　　　　　　　　　Bugzilla 的缺陷状态及含义

状态	含　义
UNCONFIRMED	提交的 Bug 等待验证
NEW	新的 Bug
REOPENED	Bug 再次出现，重新打开
ASSIGNED	Bug 已分配
VERIFIED	Bug 待验证
CLOSED	测试人员验证后已解决

（4）Bug 缺陷的处理方式及含义，见表 4—2。

表 4—2　　Bug 缺陷的处理方式及含义

处理方式	含　义
FIXED	开发人员已将 Bug 解决
INVALID	Bug 描述错误或不是 Bug
WONTFIX	Bug 永远不被修复，即无法修改
LATER	Bug 在当前版本中将暂不解决
DUPLICATE	Bug 出现重复
WORKSFORME	Bug 暂时无法重现，仅作备案用

（5）Bug 缺陷的严重性及含义，见表 4—3。

表 4—3　　Bug 缺陷的严重性及含义

严重性	含　义
blocker	指严重影响开发/测试工作的缺陷
critical	指死机、数据丢失、内存溢出等缺陷
major	指比较严重的功能缺陷
normal	指普通的功能缺陷
minor	指影响较小的功能缺陷
trivial	指界面外观、字体、折行等影响较小的缺陷
enhancement	指提出的一些个人建议，此类问题一般不处理

2. Bugzlla 高级应用

（1）Preferences 设置。登录 Bugzilla 系统后，单击“Preferences”，如图 4—13 所示。

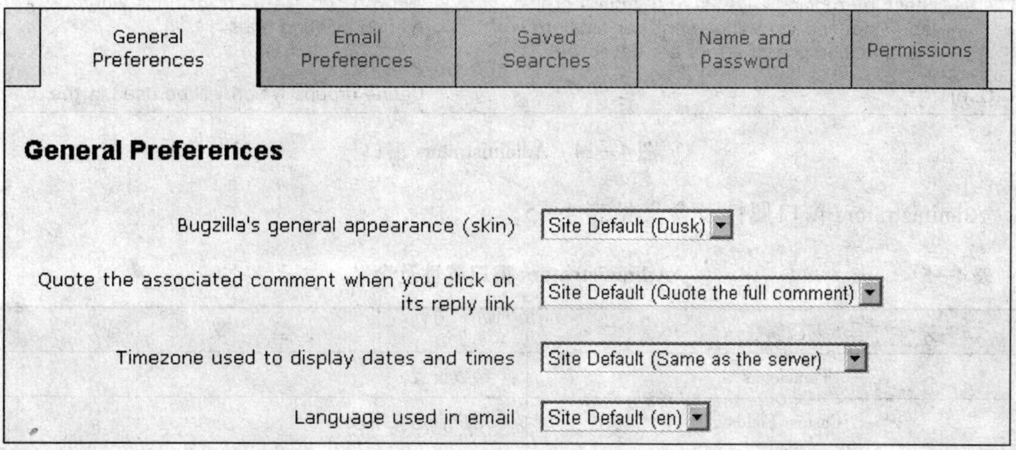

图 4—13　Preferences 窗口

Preferences 窗口属性及含义见表 4—4。

表 4—4　　Preferences 窗口属性及含义

窗口属性	含　义
General Preferences	Bugzilla 常规参数设置
Email Preferences	发送邮件设置
Saved Seraches	设置保存的查询
Name and Password	设置账户用户名和密码等信息
Permissions	设置用户的权限

（2）Administrators 设置。登录 Bugzilla 系统后，单击"Preferences"，如图 4—14 所示。

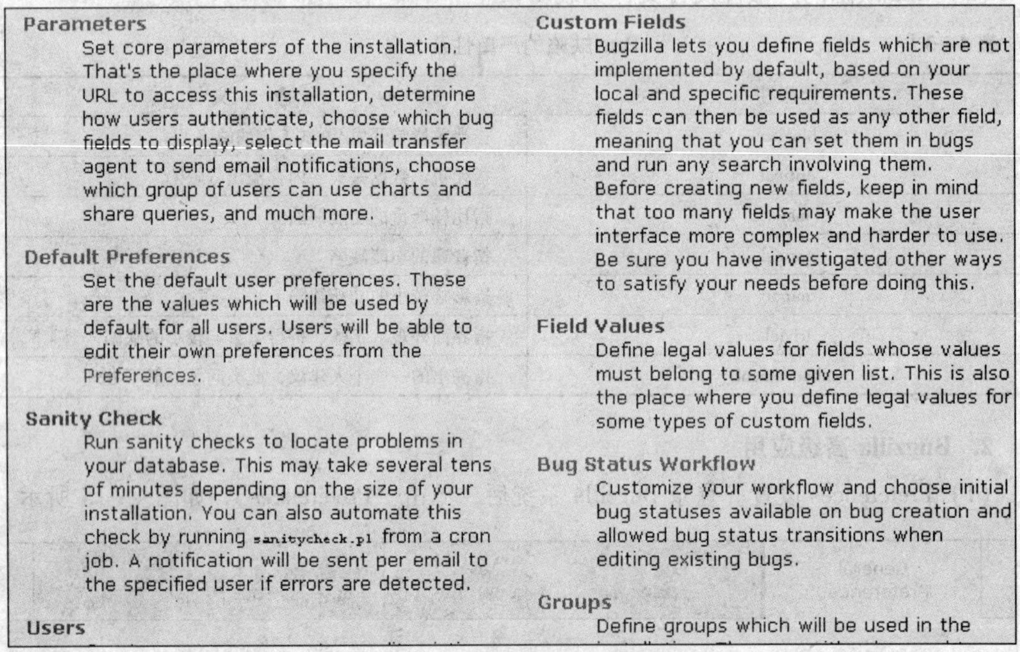
Parameters
Set core parameters of the installation. That's the place where you specify the URL to access this installation, determine how users authenticate, choose which bug fields to display, select the mail transfer agent to send email notifications, choose which group of users can use charts and share queries, and much more.

Default Preferences
Set the default user preferences. These are the values which will be used by default for all users. Users will be able to edit their own preferences from the Preferences.

Sanity Check
Run sanity checks to locate problems in your database. This may take several tens of minutes depending on the size of your installation. You can also automate this check by running `sanitycheck.pl` from a cron job. A notification will be sent per email to the specified user if errors are detected.

Users

Custom Fields
Bugzilla lets you define fields which are not implemented by default, based on your local and specific requirements. These fields can then be used as any other field, meaning that you can set them in bugs and run any search involving them. Before creating new fields, keep in mind that too many fields may make the user interface more complex and harder to use. Be sure you have investigated other ways to satisfy your needs before doing this.

Field Values
Define legal values for fields whose values must belong to some given list. This is also the place where you define legal values for some types of custom fields.

Bug Status Workflow
Customize your workflow and choose initial bug statuses available on bug creation and allowed bug status transitions when editing existing bugs.

Groups
Define groups which will be used in the

图 4—14　Administrators 窗口

Administrators 窗口属性及含义见表 4—5。

表 4—5　　Administrators 窗口属性及含义

窗口属性	含　义
Parameters	参数设置
Custom Fields	用户自定义字段
Default Preferences	默认参数设置

续表

窗口属性	含　义
Field Values	设置 Hardware、OS、Status、Resolution、Serverity、Priority 的值
Bug Status Workflow	Bug 状态
Users	用户信息设置
Groups	小组信息设置
Keywords	设置 Bug 关键字
Products	设置项目信息，包括模块、版本等信息
Flags	设置 Bug 的标记

（3）Serach 应用。登录 Bugzilla 系统后，单击“Serach”，如图 4—15 所示。

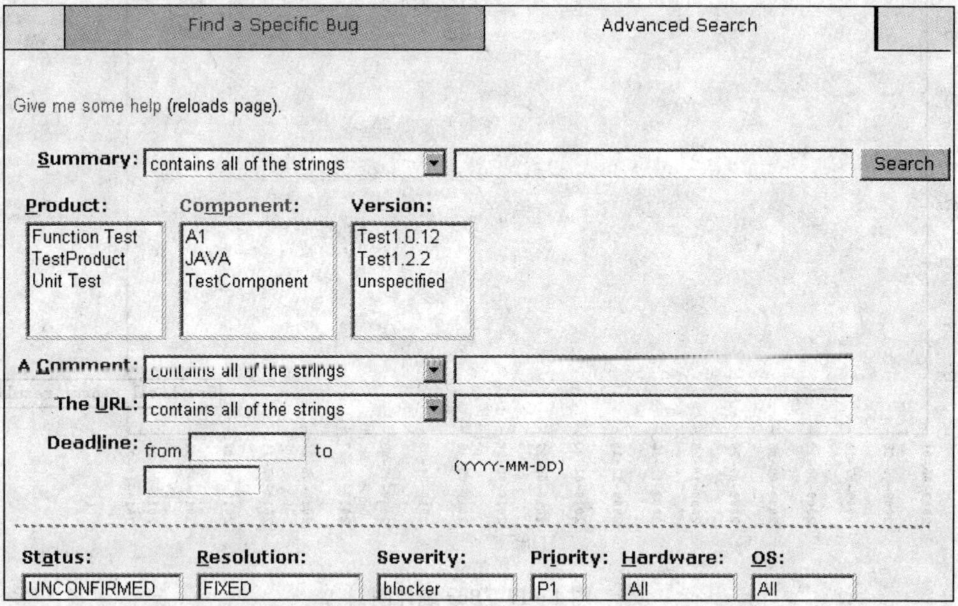

图 4—15　Serach 窗口

1）Find a Specific Bug：一般查找，主要通过 Bug 的状态、Product 和关键字进行组合搜索。

2）Advanced Serach：高级查询将通过更为准确的定位查找 Bug 内容，包括筛选模块、版本、优先级、严重性、操作系统等方法进行。

（4）Reports 应用。登录 Bugzilla 系统后，单击“Reports”，在页面中单击“New Charts”，如图 4—16 所示。

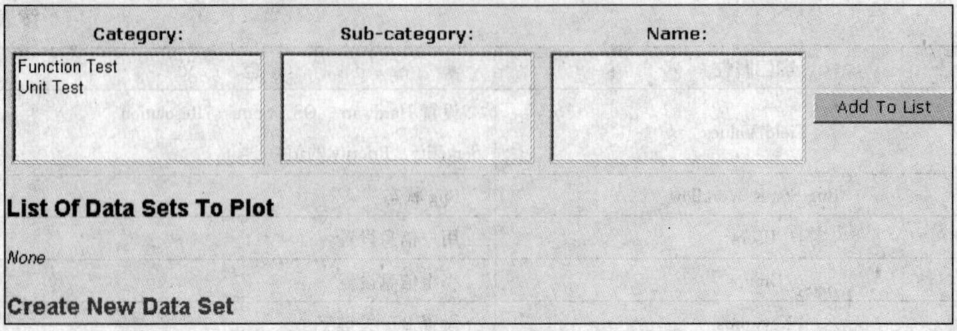

图 4—16　创建图表

选择项目，设置要求及时间范围，单击“Chart This List”按钮将按要求生成图片，如图 4—17 所示。

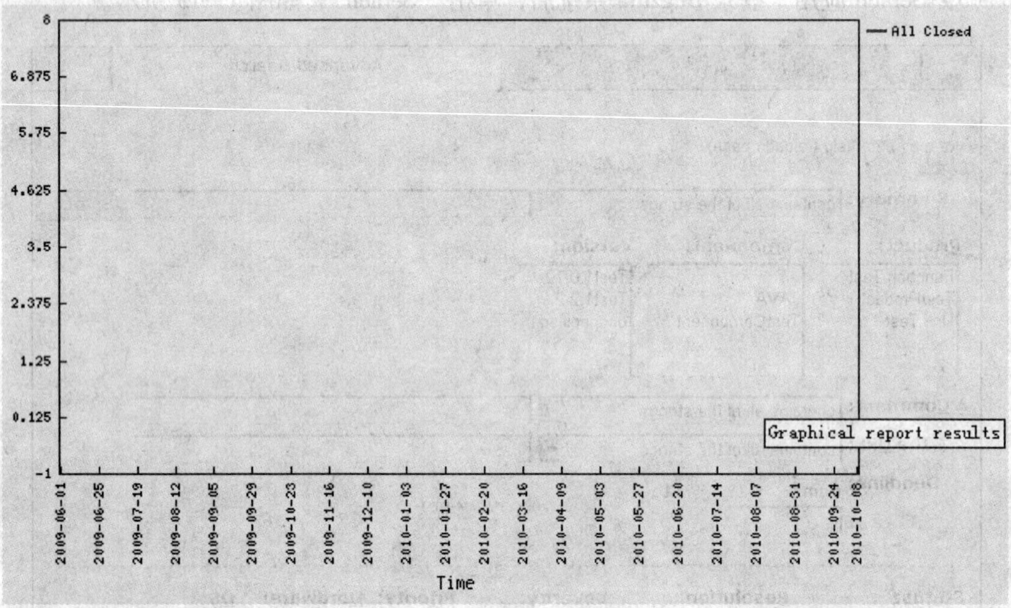

图 4—17　Bug 统计图

Bugzilla 管理员还拥有自定义图表设置权限。

（5）Depends on 和 Blocks 关键字应用。在创建 Bug 时，除了填写基本信息外，还有 Depends on 和 Blocks 两个关键字，其作用如下：

1）Depends on：指 Bug 依赖关系，即该 Bug 必须在其他 Bug 修改后才能修改，则在该项目后填写其依赖的 BugID 号，以保证缺陷的完整性。

2）Blocks：指 Bug 的前后关系，即该 Bug 的存在影响了其他 Bug 的修改，在项目后填写被影响的 BugID 号。

二、TestDirector 安装与应用

1. TestDirector 简介

TestDirector（简称 TD）是 Mercury Interactive 公司推出的基于 Web 浏览器环境下的管理工具。TD 能帮助用户组织并管理整个应用开发测试过程，包括指定测试需求、测试计划、执行测试和缺陷跟踪。

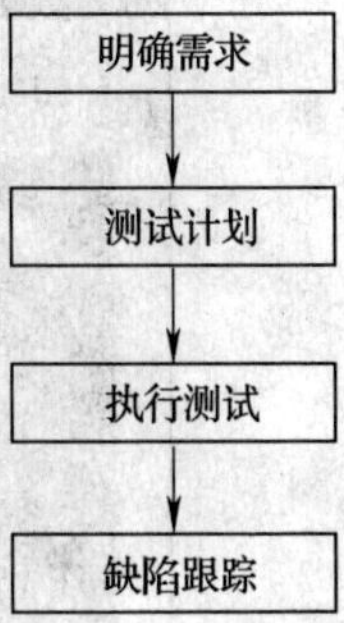

图 4—18　TD 测试过程

TD 进行测试管理包括四个阶段，如图 4—18 所示。

（1）明确需求（Specify Requirements）：主要分析被测应用程序并且确定测试条件。

（2）测试计划（Plan Tests）：根据需求创建测试计划。

（3）执行测试（Execute Tests）：根据需求、计划、用例执行测试。

（4）缺陷跟踪（Track Defects）：记录应用程序中的缺陷和整个缺陷的修复过程。

2. TestDirector 安装

（1）在安装 TD 时必须部署好 IIS 应用服务器。由于 TD 在安装时必须部署到相关的应用服务器中，默认是 IIS 应用服务器，因此，在安装 TD 之前必须检查 IIS 是否已部署好。

（2）TD 安装过程中主要步骤分别为：

1）选择数据库服务器，如图 4—19 所示。

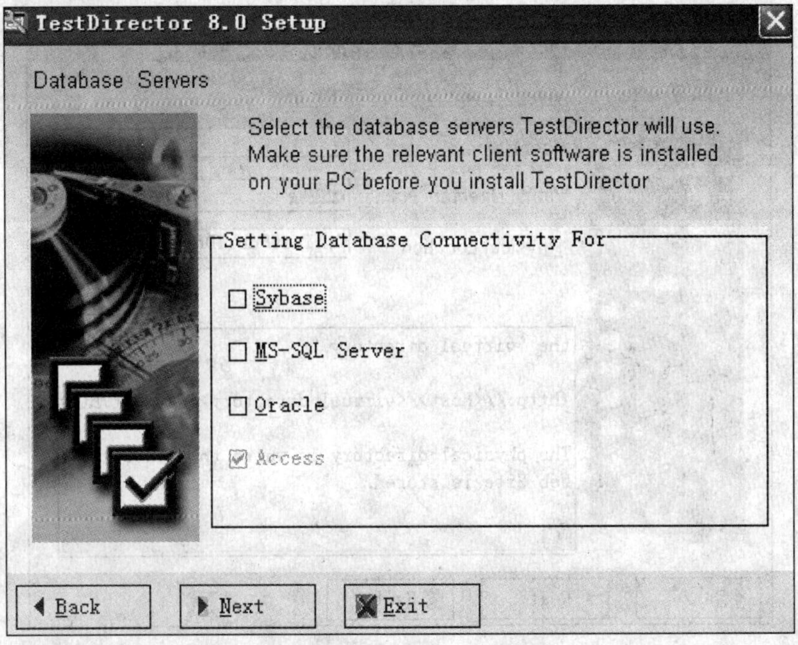

图 4—19　选择数据库

2）部署邮件服务器，如图 4—20 所示。

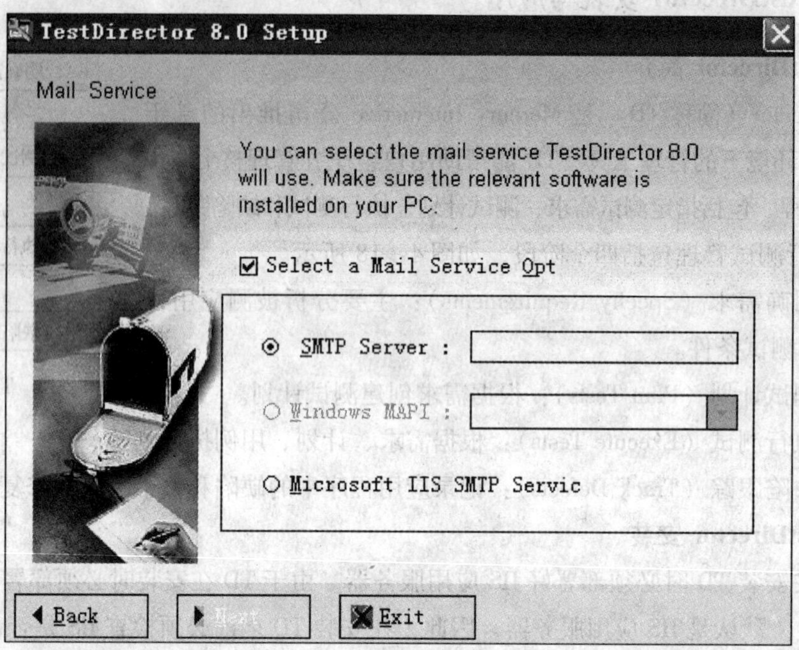

图 4—20　部署邮件服务器

3）设置 TD 安装虚拟目录，如图 4—21 所示。

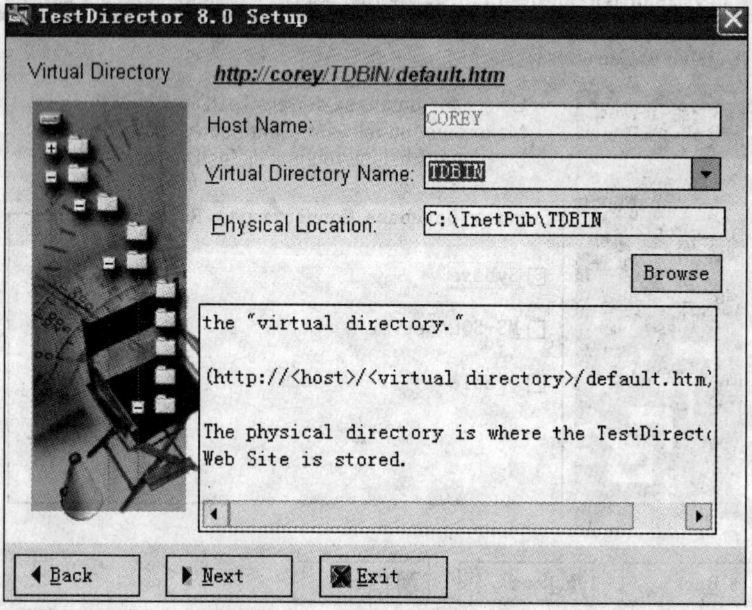

图 4—21　虚拟目录设置

（3）单击“Next”按钮进行安装，直到显示：“Congratulations!”，表示 TD 安装完成。

3. 启动浏览器输入 URL 地址

输入 http://<TestDirector 服务器名称>/<虚拟目录名>/default. htm，打开 TestDirector，如图 4—22 所示。

图 4—22　启动窗口

4. TestDirector 项目创建与定制

（1）项目创建

1）创建域：在 TD 首页中选择“Site Administrator”，在弹出窗口中输入管理员登录密码，在 Projects 页面单击“Create Domain”创建域名为：Test。

2）创建项目：在 TD 域名下可以创建一个或多个项目，单击“Create Project”，创建项目名为：testmanager，如图 4—23 所示。

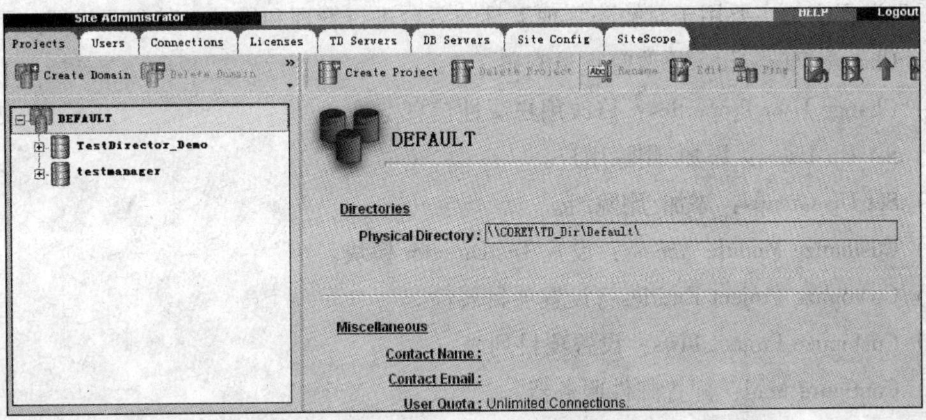

图 4—23　后台管理窗口

（2）项目定制。在 TestDirector 主窗口中单击“CUSTOMIZE”，在弹出窗口中选择域、项目、用户 ID 和密码，如图 4—24 所示。登录后的界面如图 4—25 所示。

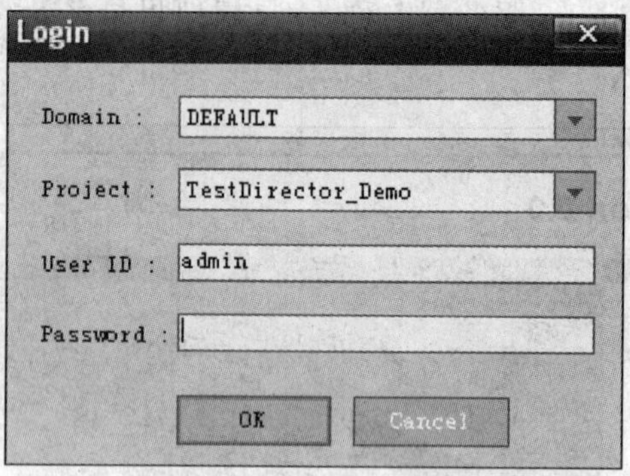

图 4—24　后台登录窗口

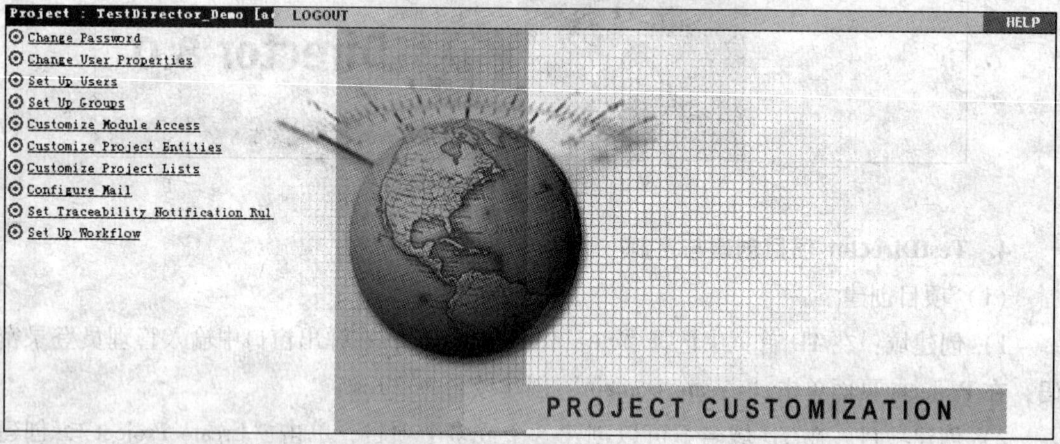

图 4—25　项目设置窗口

项目设置窗口主要用于对缺陷管理工具的后台进行管理和维护，其主要设置如下：

1）Change Password：修改管理员密码。

2）Change User Properties：修改用户属性信息。

3）Set Up Users：添加/删除用户。

4）Set Up Groups：添加/删除组。

5）Customize Module Access：设置 TestDirector 模块。

6）Customize Project Entities：设置项目属性。

7）Customize Project Lists：设置项目列表。

8）Configure Mail：配置邮件服务器。

9）Set Traceability Notification Rul：设置缺陷跟踪机制。

10）Set Up Workflow：建立缺陷工作流。

5. TestDirector 缺陷管理

（1）TD 缺陷处理流程。在测试过程中能够有效地查找并修复应用程序的缺陷对于开发过程至关重要，测试人员在测试过程中发现的缺陷将直接添加至 TD 项目中，通过 TD 缺陷跟踪工具记录 Bug 的数据。TD 缺陷跟踪过程如图 4—26 所示。

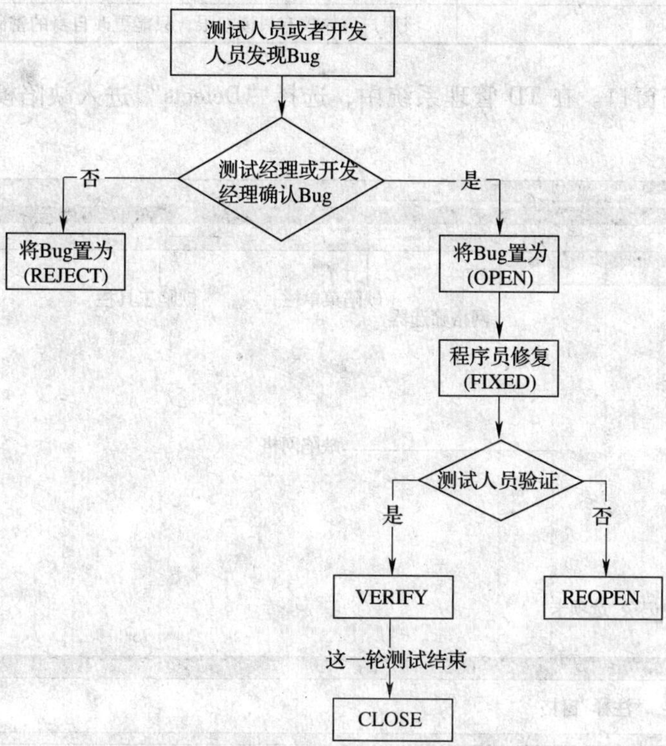

图 4—26　Bug 缺陷处理流程

TD 允许管理员有管理用户访问工程的权限，它会创建一个有权限用户的列表并为一个组或一个用户分配一个密码，同时控制每个用户能够对工程中的项目进行怎样的添加和修改。TD 中的用户所拥有的权限是由该用户所在的用户组决定的，详见表4—6。

表 4—6　　列出的 TD 中默认的用户群

用户群	权　限
TDAdmin	Admin 用户群拥有全部的权限
QATester	TD 模块：需求、测试计划和测试库；在缺陷模块中，该用户群体只能添加和修改缺陷，不能删除，有部分管理权限

续表

用户群	权　限
Project Manager	TD 模块：需求、测试计划、测试库和缺陷；该用户群体有部分管理权限
Developer	TD 模块：需求、测试计划和测试库；缺陷模块只能添加和修改缺陷，有部分管理权限
View	该用户群体仅有只读权限，只能更改自身的密码和属性

（2）TD 缺陷窗口。在 TD 管理系统中，选择“Defects”进入缺陷模块，如图 4—27 所示。

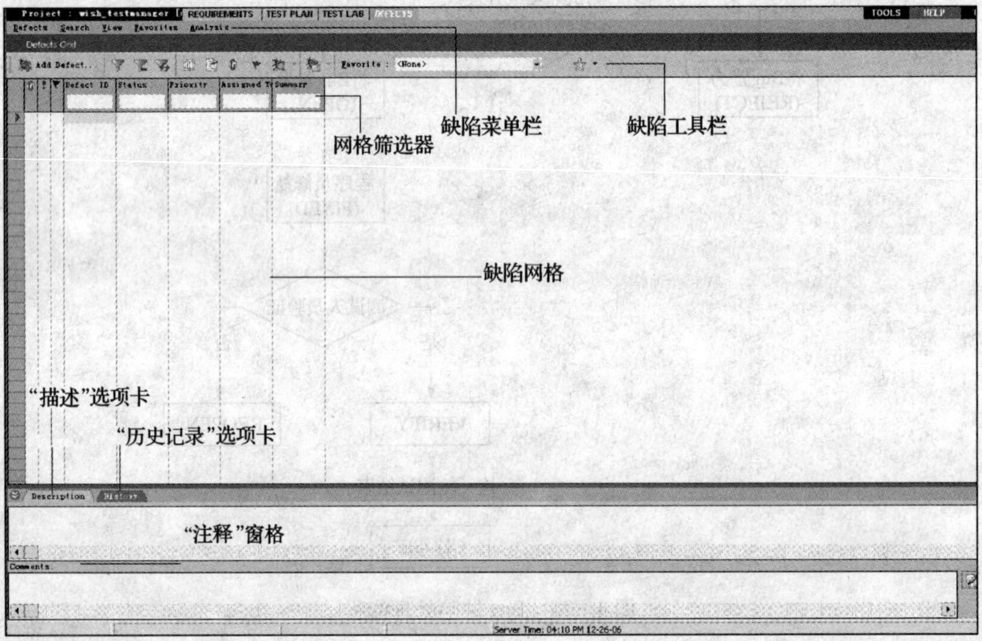

图 4—27　Defects 窗口

1）创建缺陷。在缺陷管理页面中选择菜单栏“Defect”→“Add defect”，将打开添加缺陷对话框，如图 4—28 所示。

缺陷元素内容填写可参照 Bugzilla 元素，由于不同的缺陷管理工具对缺陷的状态、严重性等定义的不同，其描述的文字稍有不同，但作用相同。

2）缺陷邮件。TD 可通过使用邮件服务器向另一用户发送关于 Bug 详细信息的电子邮件，这样可以使相关人员及时查看 Bug 的状态，了解工作进度。方法如下：在“缺陷网格”中选择一个或多个缺陷并点击右键选择“Mail Defects”，弹出 Send Mail 对话框，如图 4—29 所示。

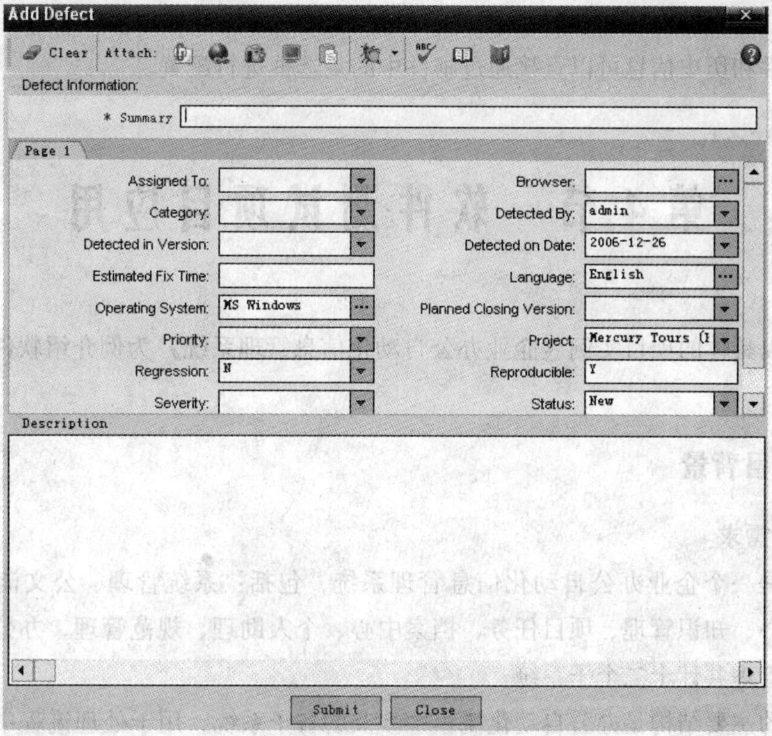

图 4—28　创建缺陷

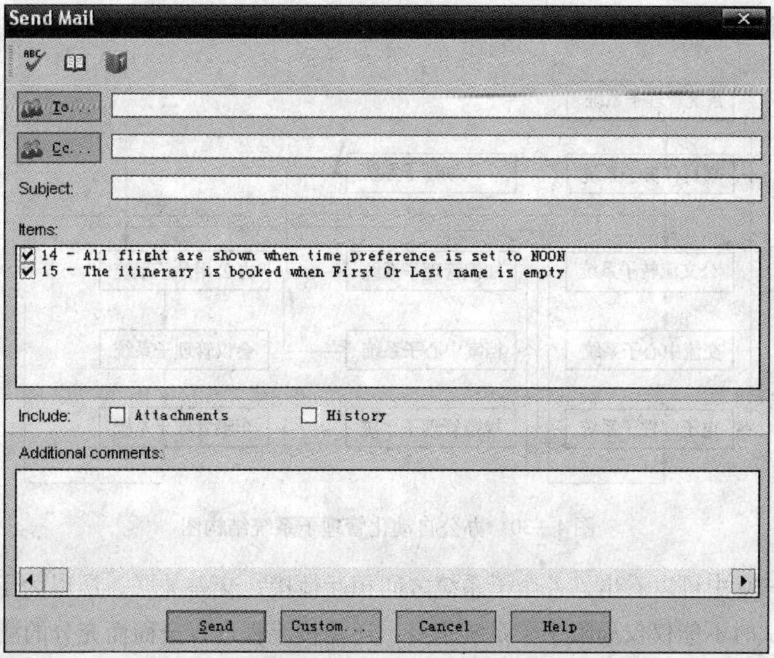

图 4—29　邮件设置

关于邮件发送的内容可以通过在“项目定制”中选择“Configure Mail”选项进行设置，对于附件和历史信息可以直接通过邮件中的复选框进行配置。

第4节　软件测试项目应用

本节将以具体的项目实例《企业办公自动化信息管理系统》为例介绍软件测试项目的应用。

一、项目背景

1. 项目需求

本项目是一个企业办公自动化信息管理系统，包括：系统管理、公文流转、电子邮件、交流中心、知识管理、项目任务、档案中心、个人助理、规范管理、办公用品、会议管理、车辆管理共计十二个子系统。

该系统的主要结构是办公自动化流程中涉及的各子系统，用于处理流程中的主要业务逻辑，如公文流转、办公用品等。此外，系统管理子系统可以进一步扩展系统本身，同时拥有管理整个系统的最大权限。系统结构如图4—30所示。

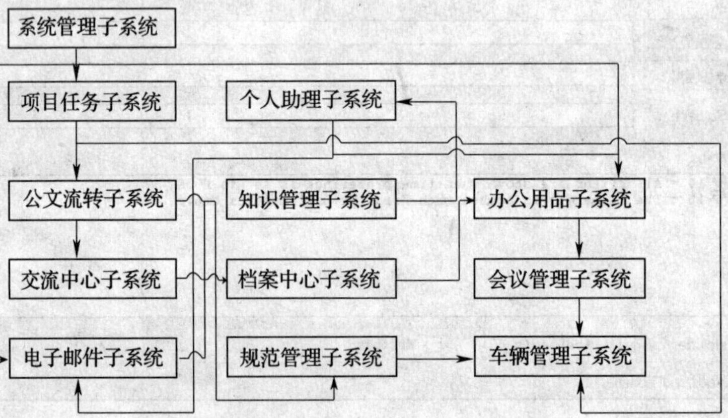

图4—30　办公自动化管理子系统结构图

从图4—30中可以看出，各个子系统之间相互衔接，交差关联，所以为了保证信息的准确，在测试时不能仅仅局限于子系统本身，还需按流程进行全面而充分的测试。

为了进一步分析，以下列出了该管理中的几个子系统，相关系统结构如下：

（1）系统管理子系统（见表 4—7）

表 4—7　　系统管理子系统

系统管理子系统	说　明
部门管理	1）部门管理 2）部分分配权限 3）权限分配部门
岗位管理	1）添加岗位 2）维护岗位 3）岗位分配权限 4）权限分配岗位
人员管理	1）添加人员 2）修改人员 3）人员分配安排
系统日志	查看日志
个人设置	1）修改密码 2）模块排序 3）添加快捷方式
系统扩充	1）添加模块 2）维护模块 3）添加分类 4）维护分类 5）添加页面 6）维护页面

（2）会议管理子系统

1）会议室维护。

2）会议预订。

3）添加办公室。

4）会议纪要。

5）会议检索。

（3）公文流转子系统（见图 4—31）

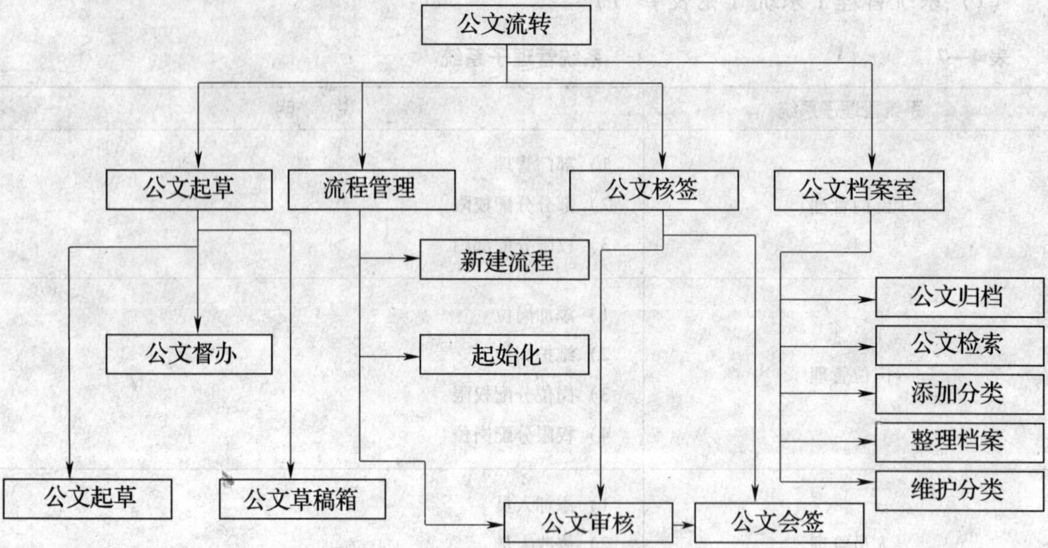

图 4—31　公文流转子系统

（4）办公用品子系统（见图 4—32）

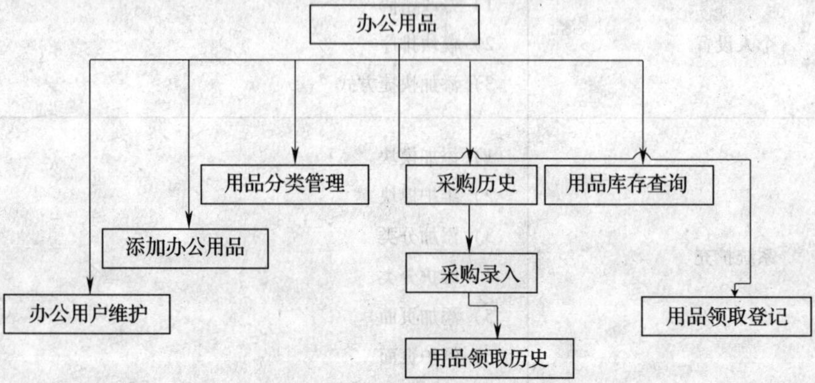

图 4—32　办公用品子系统

无论是开发人员还是测试人员，都必须仔细阅读系统的需求分析文档，因为需求文档中包含了对系统的最基本的功能需求，这也是测试人员最应关心的重点内容。

为了进一步和后续的测试用例相结合，文中仅重点分析整个项目的两个子系统：公文流转子系统和办公用品子系统。

2．项目模块

（1）公文流转子系统的功能需求分析。表 4—8 列出了公文流转子系统的公文起草过程。

表 4—8　　公文流转/公文起草

功能需求编号	OA_ GW_ 001	需求编写人		最后更新日期
功能需求名称	公文起草	需求审核人		
功能描述	实现公文起草功能			
子功能名称	公文起草			
子功能描述	作为办公自动化的重要内容之一，公文起草就是通过该办公自动化平台起草公文，并通过相关人员的共同审核，最后会签，公布实施			
子功能输入	1）相关人员输入账号登录办公平台 2）在公文起草模块起草公文 3）起草发布后自动发送给指定的人员			
子功能输出	公文起草成功，并自动生成该公文编号，相关指定的人员收到起草发布的公文			

（2）办公用品子系统的功能需求分析。表 4—9 列出了办公用品子系统采购登记注册管理的内容。

表 4—9　　办公用品_采购与管理

功能需求编号	OA_ BG_ 001	需求编写人		最后更新日期
功能需求名称	办公用品采购与管理	需求审核人		
功能描述	实现将采购的办公用品在办公自动化平台上进行登记管理，使相关人员及时掌握用品使用信息、库存信息等			
子功能名称	办公用品采购			
子功能描述	办公用品登记注册			
子功能输入	1）按分类将采购的办公用品登记注册 2）统计登记的数量是否一致 3）人员申请办公用品并签字			
子功能输出	1）分类登记成功 2）显示的数量一致 3）办公用品相关数量自动递减			

（3）系统的性能及易用性需求。在需求分析阶段还必须充分考虑性能、安全、易用性及其他方面的具体需求，可能还存在一些一般性的特殊规定，它可能不是针对某个子系统，而是整个系统，要求软件的每个子系统都能达到某种程度的要求。这些要求没有固定的模式，但在一个具体的软件测试过程中必须要考虑所测试的软件项目的具体需求，并经过实际测试确定该软件在这些方面能够达到的客户的要求。

表4—10列出了办公自动化系统中的一些其他需求，主要有易用性、安全性、性能等方面。

表4—10　　易用性需求

类型	具体的需求描述
易用性	整个软件界面格式统一，页面的颜色、按钮等风格一致
	提示信息友好，易理解
	系统有备份与恢复功能
	如果操作产生错误，系统能给出简明的错误原因描述，并给出解决方法的提示信息
	用户手册、产品说明书简明清晰
安全性	系统有严格的权限分配，相关权限的人员只能做相应权限的工作
	同一账号在不同地方登录能有效处理冲突
	账号丢失寻回机制
性能	在多用户登录系统时，能够有效处理
	系统操作流程响应顺畅，页面响应时间不超过5s
	确保系统运行的最低的硬件需求

二、测试过程分析

广义上说，软件测试工作贯穿于项目开发过程的始终，从项目的可行性分析、客户需求、软件需求说明书等相关文档的生成开始，直到软件通过用户验收为止。

本节的企业办公自动化系统的测试按照常用的一般测试过程，主要将其分为单元测试、集成测试、系统测试和验收测试四个阶段。

上一节中已对系统进行了较为详细的需求分析，也明确了办公自动化测试系统的内容，接下来将由测试经理设计编写OA办公自动化系统的测试计划。

1. 测试计划概述

本测试项目的测试对象是企业办公自动化管理信息系统（OA）1.0版本。系统包括：

系统管理、公文流转、电子邮件、交流中心、知识管理、项目任务、档案中心、个人助理、规范管理、办公用品、会议管理、车辆管理共计十二个子系统。

测试目标是找出影响各子系统能否正常运行的错误，分别在功能、性能、安全性、易用性等方面检查系统是否达到相关的要求。

本次集成测试采用黑盒和白盒测试技术（重点在黑盒测试）。测试手段为手工和自动测试相结合（主要依靠手工进行功能测试，依靠自动测试工具进行性能测试）。

本测试计划的读者主要包括：项目管理人员、开发人员、测试人员、配置人员等和项目的相关成员。

2. 背景

办公自动化信息管理系统是在互联网技术不断发展，电子商务、电子政务系统逐渐兴起的背景下出现的，其具有高效、环保等优点，可以大大提升办公效率，节约办公成本。

3. 测试环境配置

服务器 1 台，硬件环境：IBM System 3 500，Pentium D CPU 频率（MHz）：3 400，内存容量：2 G、硬盘容量：160 G；软件环境：Windows Server，Oracle，IE6. 0。

测试机 8 台，硬件环境：Pentium，内存容量：512 M，硬盘容量：80 G；软件环境：Oracle 客户端、Windows XP、MS Office、IE6. 0 等。

打印机 1 台：Panasonic KX－P7100。

软件版本：配置库指定版本库。

自动化测试工具：Mercury　LoadRunner8. 0。

注意：以上测试环境配置仅列出的是一般配置，如想知道软件产品运行的最低配置和其他信息还需进一步细化。

4. 术语

OA（Office Automation）：办公自动化。

每个子系统缩写取子系统名字前两个汉字的拼音首字母，例如：公文流转（GW），车辆管理（CL）。

5. 参考资料

OA 客户需求说明书、OA 软件需求说明书、国家标准自动化流程规范。

6. 测试进度与预算

（1）测试进度。根据项目计划进度表制定测试计划进度，包括测试的各个阶段、人员安排、工时等，详见表 4—11。

表 4—11　　　　测试进度的计划表

测试阶段	任务编号	任务名称	工时（人/日）	提交产品	责任人
测试计划	1	制订测试计划	6	测试计划	
测试系统开发、配置和用例设计	2	人员安排	2	任务分配表	
	3	测试环境配置 缺陷记录工具	3	测试环境配置清单 问题记录工具和数据库	
	4	测试用例设计	40	测试用例	
测试执行	5	单元测试	20	单元测试计划及测试结果	
	6	集成测试	30	集成测试计划及测试结果	
	7	系统测试	36	系统测试计划及测试结果	
	8	验收测试	40	验收测试计划及测试结果	
测试总结分析	9	测试总结	8	项目分析总结报告	

（2）测试预算。项目测试作为项目的一部分，必须充分考虑其实施的成本，应明确测试过程在整个项目中所占成本的比重，并据此配置整个测试，详见表 4—12。

表 4—12　　　　测试成本初步预算

测试阶段	项目	工作量（人/日）	费用预算（RMB）	完成最后时间
测试计划	人员开支	6	8 000	
测试系统配置与开发	人员开支（系统配置、开发、测试用例设计、环境构造	3	30 000	
	硬件系统	1	20 000	
	自动化测试工具		20 000	
测试执行（单元测试）	人员开支	6	10 000	

续表

测试阶段	项目	工作量（人/日）	费用预算（RMB）	完成最后时间
测试执行（集成测试）	人员开支	10	15 000	
测试执行（系统测试）	人员开支	16	30 000	
测试执行（验收测试）	人员开支	16	30 000	
测试总结评估	人员开支	4	5 000	
风险预留（20%）	项目开支	12	33 600	
合计（RMB）	201 600			

作为测试计划的补充，通常将整个测试时间的20%作为预留，防止突发事件的发生，使测试保质保量如期完成。

7. 测试阶段

（1）单元测试。单元测试主要由开发人员完成，可采用自测和互测的方式，主要采用桩模块和驱动模块方法进行。

详细信息参见“单元测试计划”“单元测试用例设计”。

（2）集成测试。集成测试由测试人员完成，通常是将各子系统单独或几个组合起来进行测试，针对各个子系统的功能设计测试用例；OA系统的集成测试是在开发人员完成了所有子系统的开发并通过了单元测试后，将编译好的软件版本交付给测试部门进行测试。因为所有模块都已完成，所以没有附加的桩模块和驱动模块。

详细信息参见“集成测试计划”“测试用例”（执行各子系统用例）。

（3）系统测试。系统测试由测试人员完成，除了完整执行全部测试用例外还需要关注被测软件与其他系统元素可能产生的冲突，所以在系统测试过程中需求检验程序与其他相关软件并存，如：办公软件；本OA系统使用的数据库服务器将分别搭建在UNIX和Windows NT环境下，以在系统测试时了解服务器的性能，如：系统的反应时间、服务器资源占用等。

详细信息参见“系统测试计划”“测试用例”（全部执行）。

（4）验收测试。在用户对软件系统验收之前组织的系统测试，测试人员都是真正的用户，测试时应尽可能模拟用户真实的操作环境，并将测试结果进行汇总，由相关管理人员对软件做出是否通过验收的决定。

详细信息参见“验收测试计划”。

8. 风险定义与管理

（1）风险定义见表4—13。

表4—13　　质量风险定义

风险编号	潜在的故障模式	故障产生的潜在效果	严重性	优先级	影响范围	测试策略
1	子系统功能错误	不能实现子系统功能的正常运行	5	5	5	手工
2	业务流程无法完成	1）各子系统之间的交互出现错误 2）权限设置有误	5	5	5	手工
3	数据处理	1）统计数据信息有误 2）时间记录不精确或丢失相关记录 3）数据处理不一致	3	5	3	手工
4	并发控制	多用户登录系统进行同时操作，系统出现错误或响应速度达不到客户要求	5	3	4	自动
5	界面不友好	1）提示信息不够准确 2）操作不符合用户习惯 3）外观界面不统一	2	2	5	手工
6	容错性	1）能很好地恢复意外产生的错误 2）自动保存	3	3	3	手工
7	打印	不能正常打印相关信息；如：公文、会议室安排信息等	3	3	5	手工
8	其他软件的影响	如：杀毒软件、办公软件（MS Office，Acrobat）等	3	2	2	手工
9	—	—	—	—	—	—

（2）严重性：用于描述故障对系统影响的大小，定义见表4—14。

表4—14　　故障优先级

级别	影响程度
1	无
2	轻微
3	普通
4	严重
5	致命

（3）优先级：用于描述风险可以被接受的程度，定义见表4—15。

表4—15　　风险优先级

级别	影响程度
1	建议修复
2	如果时间允许应该修复
3	产品发布前必须修复
4	不影响进一步测试，但必须修复
5	紧急，必须立刻修复，否则影响测试进行

（4）影响范围：用于描述缺陷可能造成的影响面，定义见表4—16。

表4—16　　缺陷的影响范围

级别	影响程度
1	用户难以觉察的影响
2	对少数用户有限期的影响
3	对特殊用户可能产生影响
4	可能对部分用户产生影响
5	影响所有用户

除以上技术风险外，还包括：测试人员不足、缺少相关技能培训、时间紧迫等因素。

9．人员职责

（1）项目经理：监控项目的整体进度、技术问题的解决，并对相关人员进行必要的培训。

（2）测试经理：负责产品质量，配合项目开发进行测试计划、人员安排、任务分配等。

（3）程序员、设计人员：负责源码设计与修改。

（4）测试人员：设计/执行测试用例、提交 Bug 缺陷报告和软件问题报告单给测试经理。

（5）配置人员：负责软件版本的管理、测试环境的搭建等。

（6）质量保证人员：监督软件过程的实施。

三、测试用例设计

通过以上分析和测试计划的制定，可初步地了解 OA 信息系统结构，同时也制订了相应的测试计划，以下进一步研究子系统，并针对各子系统开始进行测试用例的设计，限于篇幅，以下只对“公文流转子系统”和“办公用品子系统”设计测试用例，其他子系统不作详细分析。

1. 功能性用例设计

在设计测试用例之前，必须按测试计划中的相关要求进行测试用例的设计和编写，同时在设计测试用例过程中可以使用等价类划分、因果图法、边界值分析法、错误推测法、正交试验法等测试方法。同时在设计用例的过程中注意用例的分类，比如：按模块进行划分、按类别进行划分等方式。

在性能测试用例设计中，首先对用户最常使用的功能设计压力测试用例，例如：登录、办公用品、邮箱等。应注意不同用户下的性能要求及负载运行的实施。

测试用例将使用很多数据信息，为方便使用应将所有的数据进行分类并注明应用的范围。

以下将针对功能和性能设计测试用例，仅列举 OA 信息系统的部分用例进行详细介绍，具体如下：

（1）OA 管理系统登录测试用例（见表 4—17）。

表 4—17　　OA 管理系统登录测试用例

项目名称	OA	软件版本	V1.1	优先级	高
用例编号	XT-001	用例分类	功能性测试		
summary	验证用户的登录功能				
已搭建好测试计划中要求的测试环境、软件版本 准备相关的测试数据，如：已注册的账号					

续表

操作步骤	①在浏览器输入 URL 地址，启动 OA 信息系统 ②分别按以下情况输入： a. 输入账号，不输入密码 b. 不输入账号，输入密码 c. 输入正确账号和密码 d. 输入账号超长，输入密码 e. 输入账号中含有空格，输入密码
期望结果	①成功打开网址 ②输入后的显示如下： a. 提示“请输入密码” b. 提示“请输入账号” c. 成功登录 d. 无法输入超长的账号 e. 提示“请输入正确的账号”
备注信息：注意使用测试账号的权限设置	

设计人		审核人		日期	

(2)“公文流转”子系统测试用例（见表4—18）。

表 4—18　　“公文流转”子系统测试用例

项目名称	OA	软件版本	V1.1	优先级	高
用例编号	GW_ 001	用例分类	功能性测试		
summary	验证公文的起草功能				
已搭建好测试计划中要求的测试环境、软件版本 准备相关的测试数据，如：已注册的账号					
操作步骤	①输入用户信息登录 OA 系统 ②进入“公文流转”子系统 ③单击“公文起草”按钮 ④在公文标题栏中输入“×××” ⑤在正文框中输入“×××” ⑥单击“提交”按钮 ⑦在弹出窗口中选择相关人员，单击“发送”按钮 ⑧退出 OA 系统				

续表

期望结果	①用户成功登录 ②成功进入公文流转页面 ③弹出“公文起草”窗口页面 ④成功显示或截断超出的字符 ⑤显示文本信息 ⑥成功提交，并弹出公文流转至相关人员列表框，同时在“我起草的公文列表”中自动增加一条记录 ⑦选中的人员收到公文信息，并在收件箱中显示 ⑧成功退出
备注信息：注意使用测试账号的权限设置，如果账号无起草公文权限则无法进行相应操作	

设计人		审核人		日期	

（3）“办公用品”子系统测试用例（见表4—19）。

表4—19　　“办公用品”子系统测试用例

项目名称	OA	软件版本	V1.1	优先级	高
用例编号	BG_ 001	用例分类	功能性测试		
summary	验证办公用品的登记和分类				
已搭建好测试计划中要求的测试环境、软件版本 准备相关的测试数据，如：用户账号拥有对办公用品的相关权限					
操作步骤	①进入OA信息系统，输入账号和密码 ②进入“办公用品”子系统 ③单击“用品登记”按钮 ④在用品名称框中输入物品名称、数量，并在分类列中选择物品分类，如：纸、笔、墨盒等 ⑤单击“提交”按钮 ⑥重复步骤④，如果用品分类列表中没有相应的分类，则单击“创建分类”按钮 ⑦输入新创建物品的分类名称，单击“创建”按钮 ⑧重复步骤，在分类列表中选择新创建的分类名称，单击“提交”按钮				
期望结果	①登录成功 ②成功进入办公用品页面 ③如果该用户有访权限，则进入用品登记页面，如果没有，则弹出提示信息：“您不能使用该功能” ④操作成功 ⑤成功登记 ⑥弹出“创建分类”对话框 ⑦成功创建 ⑧成功登记				
备注信息：					

设计人		审核人		日期	

2. 性能测试用例设计

在设计性能测试用例过程中，首先必须分析软件未来的客户群，例如：有多少用户可能会使用该系统、用户日常使用最多的功能是什么、在什么时间用户量最大等信息，这些数据都必须在项目开始的前期的深入调研中进行统计。在本项目中，相关的信息记录如下：

（1）用户并发登录 OA 信息系统性能要求（见表 4—20）

表 4—20　　登录页面系统性能要求

并发用户数	页面响应时间
20	不大于 2s
50	不大于 3s
80	不大于 5s
100	不大于 6s
150	不大于 8s

（2）用户并发领取办公物品性能要求（见表 4—21）

表 4—21　　办公用品子系统性能要求

并发用户数	响应时间
20	不大于 2s
50	不大于 4s
80	不大于 5s

以上仅列举了两类性能指标，其他相关子系统性能要求可参照执行。

（3）性能测试用例示例（见表 4—22）

表 4—22　　性能测试用例示例

项目名称	OA	优先级	高	测试工具	LoadRunner8. 0
用例编号	Load - 001	用例分类	性能测试		
并发用户数	50、100、150				
数据准备	准备压力测试的数据信息（包括账号、权限设置）				
Summary	通过性能自动化测试工具，测试系统在能负载多少用户的状态下运行				
场景	以并发形式模拟（20、50、80、100、150）用户同时登录 OA 信息系统				
操作步骤	①启动 OA 信息系统，登录； ②应用测试工具模拟五台机器并发同时登录系统				
期望结果	用户均能登录，响应时间在 2s/3s/5s/6s/8s 内				
备注	无				

通过设计相关的性能、功能测试用例后，在执行阶段，会发现软件的不同子系统及各子系统之间的缺陷，通过提交缺陷报告及时提交产品中的错误，并在最快的时间内修改，保证软件的质量。

OA 系统经过单元测试、集成测试、系统测试和验收测试后，发现了软件中的很多缺陷，同时通过对缺陷的分析发现，Bug 的分布有明显的集中形式，具体信息见下面的分析总结过程。

四、缺陷报告

在执行测试用例后会源源不断发现问题，且在每个具体的测试阶段都会提交 Bug，所以在 OA 信息系统测试的过程中，必须详细记录发现的 Bug。

缺陷报告将以 OA 信息系统的功能测试、性能测试、兼容性测试三类缺陷为例进行介绍，具体 Bug 示例如下：

1. 功能缺陷（见表 4—23）

表 4—23　　功能缺陷

项目名称	OA	模块名称	系统管理子系统	优先级	3
Bug ID	Bug-0001	操作系统	Win XP	严重级	3
软件版本	V1.1	报告人		状态	New
Summary	输入错误密码提示信息错误				
操作步骤	（1）通过浏览器打开 URL 地址，单击“登录”按钮 （2）在用户名和密码框中输入正确的用户名和错误的密码 （3）单击“登录”按钮 实际结果：弹出“用户名或密码错误”提示信息 期望结果：弹出“密码错误，请重新输入”提示信息 问题：错误密码提示信息错误				
用例分类	功能性测试	附件	无	Assigned TO	
				报告时间	

2. 性能缺陷（见表 4—24）

表 4—24　　性能缺陷

项目名称	OA	模块名称	系统管理子系统	优先级	2
Bug ID	Bug-0002	操作系统	Win XP	严重级	2
软件版本	V1.1	报告人		状态	New

续表

Summary	100 个用户并发登录系统，响应时间为 7s，并有 6 个用户登录失败				
操作步骤	（1）通过测试工具 LoadRunner 的登录脚本登录，名称为：Login （2）从数据库中导入 100 个用户名和密码 （3）设置集合点、事务，详见脚本 （4）并发登录 OA 信息系统 问题：响应时间为 7s，并且有 6 个用户登录失败				
用例分类	性能测试	附件	无	Assigned TO	
				报告时间	

3. 兼容性缺陷（见表 4—25）

表 4—25　　兼容性缺陷

项目名称	OA	模块名称	系统管理子系统	优先级	3
Bug ID	Bug－0003	操作系统	Win XP	严重级	3
软件版本	V1. 1	报告人		状态	New
Summary	在 Fire Fox 浏览器下，界面排版不整齐				
操作步骤	（1）在 Fire Fox 浏览器输入 URL 地址 （2）单击“登录”按钮，输入正确的用户名和密码 （3）单击“系统管理子系统” 问题：整个页面排版出现折行、格式未对齐现象 注：在其他各子系统中均发现类似的错误				
用例分类	兼容性测试	附件	无	Assigned TO	
				报告时间	

注意：注意功能性缺陷、性能缺陷和兼容性缺陷的描述。

五、测试总结报告

以上的部署与测试基本涉及测试流程中的各个方面，为了给出系统在最终测试后功能、性能等方面所达到的状况，同时更好地了解项目在整个开发过程环境中的不足，必须对项目包含的数据进行量化、总结分析和评价，将不足和优势进行总结，好的继续优化，不足的在下一项目中改进。

测试总结报告将呈现给测试部门、开发部门、公司项目负责人和相关项目组成员。

1. 测试用例总结与分析

在本次测试过程中，测试用例信息总结见表4—26。

表4—26　测试用例总结报告

测试用例执行	实际执行数据（个）
计划执行测试用例	600
实际执行	560
未通过测试用例	128
高优先级的测试用例	216
功能性测试用例	420
性能测试用例	12
兼容性测试用例	32
用户界面测试用例	42
……	……

2. Bug总量与分析（见表4—27）

表4—27　Bug数据分析

Bug状态	Bug数量（个）
Bug总数	1 986
重复的Bug	56
无效的Bug	23
修复的Bug	1 666
高严重性的Bug	367
高优先级的Bug	98
其他	123

3. 各子系统 Bug 数据分析（见表 4—28）

表 4—28　　各子系统 Bug 数据

各子系统 Bug	Bug 数量（个）
公文流转子系统 Bug	200
办公用品子系统 Bug	160
车辆管理子系统 Bug	45
……	……

4. OA 系统压力测试统计分析

性能测试中，并发用户数的响应时间未达到性能测试计划中的要求。

被测服务器在负载运行时，CPU、内存值过高，但软件运行稳定，未出现异常情况。

事务的响应时间，以登录系统为例，见表 4—29。

表 4—29　　事务处理时间统计

客户并发数	事务平均处理时间（s）	事务最大处理时间（s）	事务最小处理时间（s）	测试运行总时间（s）
20	1. 982	2. 563	1. 563	56
50	2. 965	3. 865	2. 896	264
80	4. 765	6. 124	4. 659	560
100	5. 986	7. 316	5. 868	1 240
150	8. 012	10. 125	7. 689	2 856

5. OA 系统功能测试统计分析

主要分析测试用例的执行情况、Bug 的分布情况，见表 4—29 的统计数据。

在本项目中，实际还对数据进行了进一步划分，如按版本、按缺陷分类，按日期等分类方式，不同的分类，其关注点是不同的，往往通过针对性的分析，会有意外的发现，并且更容易发现软件产品的不足。

如：在本项目中通过分析每个测试人员的发现的 Bug 数量和质量可以初步判定测试人员的水平。

六、OA 项目总结报告

表 4—30 是 OA 项目的总结报告，反映了整个项目从需求、设计到编码、测试的过程，

并针对性地对项目过程进行度量，总结测试存在的风险、问题的分析并得出对软件的结论。

表 4—30　　项目总结报告

项目	OA	编写		审批	
项目信息					
生产效率	项目组成员共计十六人，每天工作八小时，每月工作 23 天，共计两个月零八天，总的工作量为：16×8×（23×2+8）=6 912 人·时 该软件总计功能点为 583 个，其生产效率为：583/6 912=15.5 功能点/（人·月）				
质量	本次测试共计发现 Bug 总数 1 986 个，验收测试后 Bug 数为 183 个，软件质量为：183/583=0.314 个缺陷/每个功能点				
项目工期	两个月				
	初始估算	实际	延误		
起始日期	六月一日	六月三日	两天		
结束日期	八月一日	八月十二日	十二天		
过程裁剪情况	无				
使用工具	C++，ASP.NET，LoadRunner，Buzilla，SQL Server 2003，MS Office				
风险管理					
存在的风险： 1. 测试时间短，人员不足且没有得到相关的培训 2. 开发未如期按时完成 3. 中途客户更改了部分需求，影响整个项目进度 解决方法： 1. 测试人员尽早介入，使得在需求变更时能在第一时间及时处理，避免引起更大的问题 2. 测试人员加班加点保证完成测试任务等					

规模		
估算部分	估算规模	实际规模
OA 信息系统的所有子系统	以各子系统的功能点进行估算，最后累计功能点 542 个	最终统计功能点为 583 个

续表

工作量

1. 团队最大规模
2. 估算工作量
3. 实际工作量

工作量在各阶段的分布

阶段	任务（人时）	审查（人时）	返工（人时）	总计（人时）
需求评审				
设计评审				
代码测试				
集成测试				
系统测试				
验收测试				
总计（人·时）				

质量成本 =（评审工作量 + 返工工作量 + 测试工作量 + 培训工作量）/ 总工作量 ×100%

工作量在各阶段的分布比例和偏差

阶段	估算值		实际值		偏差（%）
	工作量（人·日）	工作量（%）	工作量（人·日）	工作量（%）	
单元测试					
集成测试					
系统测试					
验收测试					
总计		100		100	

续表

缺陷					
缺陷分布情况					
缺陷检测阶段	估算值		实际值		偏差百分比（%）
	缺陷数量	占总缺陷数百分比（%）	缺陷数量	占总缺陷数百分比（%）	
需求评审					
设计评审					
单元测试					
集成测试					
系统测试					
验收测试					
总计		100		100	
缺陷修复率					
缺陷检测阶段	缺陷引入阶段				缺陷消除效率（%）
	需求	设计	实现	其他	
需求评审					
设计评审					
单元测试					
集成测试					
系统测试					
验收测试					

因果分析	
偏差	偏差原因
项目完成时间超时	1. 主要原因是客户需求在开发后期产生了变更以及未能按计划预期按时提交测试版本，导致项目延期。 2. 新进入的项目成员未能及时得到培训
单元测试未达到预期的效果	由于在计划中将单元测试工作交由开发人员实施，在设计过程中单元测试未能实时进行评估，导致该过程无法控制，最终导致在后期的测试中出现很多设计上的缺陷问题
评审时超过测试预期	1. 由于新进成员对产品的不熟悉，导致在评审过程中时间花费过长 2. 开发和测试人员缺少沟通

续表

提交的过程资产
《客户需求说明书》《软件需求说明书》《概要设计说明书》《详细设计说明书》《测试计划》《测试用例》《代码走查记录表》《需求变更申请表》《缺陷跟踪表》《项目会议摘要》《项目评审会议》等
总结论

附录　FxCop 基本规则

在 FxCop 中，默认的检查规则一共有九大类，分别是：

1. Design Rules（设计规则）

（1） Abstract types should not have constructors

抽象类不应该声明构造方法。

（2） Assemblied should have valid strong names

程序集应该具有强名称。

（3） Avoid empty interfaces

避免使用空的接口。

（4） Avoid excessive parameters on generic types

避免在泛型中使用过多的类型参数。

（5） Avoid namespaces with few types

避免让名字空间含有过少的类型。

（6） Avoid out parameters

避免使用 Out 类型参数集。

（7） Collections should implement generic interface

集合类应该实现泛型接口。

（8） Conside passing base types as parmeters

尽量使用基本类型作为参数。

（9） Declare event handlers correctly

正确声明事件处理器，事件处理器不应该具有返回值。

（10） Declare types in namespaces

声明应该在名字空间里面定义类型，而不是外面。

（11） Default Parameters Should Not Be Used

不应该使用参数默认值。

（12） Define Accessors For Attribute Arguments

应该为特性的构造方法参数定义访问器，其名字与构造方法参数仅首字母大小写不一样。

(13) Do Not Catch General Exception Types

不要捕捉普通的异常。

(14) Do Not Declare Protected Members In Sealed Types

不要在封闭类型中定义受保护的成员。

(15) Do Not Declare Static Members On Generic Types

不要在泛型类型中使用静态成员。

(16) Do Not Declare Virtual Members In Sealed Types

不要在封闭的类型中定义虚成员。

(17) Do Not Declare Visible Instance Fields

不要定义可见的(public /internal)实例域变量。

(18) Do Not Expose Generic Lists

不要直接暴露泛型表。

(19) Do Not Hide Base Class Methods

不要隐藏基类的方法。

(20) Do Not Nest Generic Types In Member Signatures

不要在成员的签名(参数或返回值)中嵌套泛型类。

(21) Do Not Overload Operator Equals On Reference Types

不要在引用类型中重载"=="操作符。

(22) Do Not Pass Types By Reference

不要使用引用(ref/out)传递类型。

(23) Enum Storage Should Be Int32

枚举应该为 Int32 类型。

(24) Enumerators Should Be Strongly Typed

枚举器应该是强类型的。

(25) Enums Should Have Zero Value

枚举应该具有 0 值。

(26) Generic Methods Should Provide Type Parameter

泛型类的方法应该提供类型参数。

(27) ICollection Implementations Have Strongly Typed Members

集合接口的实现中应该使用强类型的成员。

(28) Implement Standard Exception Constructors

自定义的异常应该实现异常类的四个标准构造方法。

（29）Indexers Should Not Be Multidimensional

索引不应该是多维的。

（30）Interface Methods Should Be Call able By ChildTypes

接口方法应该可以被子类调用。

（31）Lists Are Strongly Typed

表应该是强类型的。

（32）Mark assemblies with Assembly Version Attribute

用程序集版本标识程序集。

（33）Mark assemblies with CLSCompliantAttribute

使用 CLSCompliant 特性标识程序集。

（34）Mark assemblies with ComVisibleAttribute

使用 System. Runtime. InteropServices. ComVisibleAttribut 特性标识程序集。

（35）Mark assemblies with AttributeUsageAttribute

使用 AttributeUsageAttribute 特性标识特性类。

（36）Mark enums with FlagsAttribute

含有组合的枚举应该使用 FlagsAttribute 特性标识，相反则不使用该特性标识。

（37）Members should nto expose certain concrete types

成员（返回值或参数）不应该暴露具体类型，尽量使用接口。

（38）Move P/Invokes to NativeMethods class

将调用移到本地方法类。

（39）Nested types should not be visible

嵌套类型不应该是可见的。

（40）Overload operator equals on overloading add and subtract

在重写 + 和 - 运算符时应该同时重写 = = 操作符。

（41）Override methods on comparable types

比较类型应该重写 Equals 等方法。

（42）Properties should not be write only

属性不应该是只写的。

（43）Provide ObsoleteAttribute message

过时的成员应该使用 ObsoleteAttribute 特性标示，并提供相应的 Message 提示使用者。

（44）Replace repetitive arguments with param array

使用参数数组代替重复的参数。

(45) Static holder types should be sealed

仅含有静态成员的类型应该声明为封闭。

(46) Static holder types should not have constructors

仅含有静态成员的类型应该具有构造方法。

(47) String URI overloads call System. Uri overloads

使用 String 类型的 URI 参数的重载应用应调用系统使用的 URI 类型参数重载。

(48) Types should not extend certain base types

类型不应该从具体的类（已经派生过的类）继承。

(49) Types that own disposable fields should be disposable

含有可释放成员的类型应该是可以释放的（实现 IDisposable 接口）。

(50) Tyeps that own native resources should be disposable

使用了非托管资源的类型应该是可以释放的（实现 IDisposable 接口）。

(51) URI parameters should not be strings

URI 参数不应该是 string 类型。

(52) URI properties should not be strings

URI 属性不应该是 string 类型。

(53) URI return values should not be strings

URI 类型的返回值不应该是 string 类型。

(54) Use events where appropriate

在适当时使用事件。

(55) Use generic event handler instances

例用泛型的事件处理器实例。

(56) Use generic where appropriate

适当使用泛型。

(57) Use integral or string argument for indexers

索引器应该使用整数或者字符串类型的参数。

(58) Use propertied where appropriate

在适当时使用属性（而不是以 GET 或 SET 开头的方法）。

2. Globalization Rules（全球化规则）

(1) Avoid duplicate accelerators

避免在顶层控件中使用重复的快捷键。

（2） Do not hardcode locale specific strings

不要对本地的特殊字符串进行硬编码。

（3） Normalize strings to uppercase

将字符串转换为大写。

（4） Set locale for data types

为某些数据类型设定区域和语言属性。

（5） Specify CultureInfo

指定文化信息（地域和语言信息），在调用接受 System. Globalization. CultureInfo 类型参数的方法时应该传递文化信息。

（6） Specify IFormatProvider

指定格式供应器，在调用接受 System. IFormatProvider 类型参数的方法时应该传递格式供应器。

（7） Specify marshaling for P/Invoke string arguments

指定封送 P/Invoke 字符串参数。

（8） Specify MessageBoxOptions

指定 MessageBox 的选项，在调用 MessageBox. show 方法时应该传递 System. windows. Forms. MessageBoxOptions，特别是在某些阅读习惯是从右向左的区域。

（9） Specify stringComparison

指定 StringComparison。字符串比较运算使用不设置 StringComparison 参数的方法重载。

（10） Use ordinal StringComparison

使用序号 StringComparison。非语义的字符串比较运算不会将 StringComparison 参数设置为 Ordinal 或 OrdinalIgnoreCase。

3. Interoperability Rules（互操作性规则）

（1） Auto layout types should not be COM visible

自动布局的类型不应该对 Com 可见（设置 System. Runtime. InteropServices. ComVisibleAttribute 特性为 false）。

（2） Avoid Int64 arguments for Visual Basic 6 clients

避免使用 Int64 类型，如果成员可能被 Visual Basic 6 COM clients 调用。

（3） Avoid not－public fields in COM visible value types

避免在一个标记有 ComVisible 特性的值类型里面包含非公有的实例域。

（4） Avoid overloads in COM visible interfaces

避免在一个标记有 Com visible 特性的接口内声明重载。

（5） Call GetLastError immediately after P/Invoke

进行 pinvoke 以后应该立即使用 GetLastError 读取错误信息。

（6） COM registration methods should be matched

Com 注册方法（标记有 System. Runtime. InteropServices. ComRegisterFunctionAttribute 特性的方法）应该是配对的（同时具有一个标记有 System. Runtime. InteropServices. ComUnregisterFunctionAttribute 的方法与之匹配）。

（7） COM registration methods should not be visible

Com 注册方法应该是不可见的。

（8） COM visible type base types should be COM visible

标记有 ComVisible 特性的类型的基类同样应从标记有 ComVisible 特性的类继承。

（9） COM visible types should be creatable

标记有 ComVisible 特性的类型应该能够使用默认构造器构造。

（10） Declare P/Invokes correctly

正确定义 PInvokes。

（11） Do not use AutoDual ClassInterfaceType

不要把 System. Runtime. InteropServices. ClassInterfaceAttribute 特性的值设置为 System. Runtime. InteropServices. ClassInterfaceType. AutoDual。

（12） Mark Boolean P/Invoke arguments with MarshalAs

布尔型的 pinvoke 参数应该使用 System. Runtime. InteropServices. MarshalAsAttribute 特性标记。

（13） Mark ComSource interface as IDispatch

将 System. Runtime. InteropServices. ComSourceInterfacesAttribute 特性标为 System. Runtime. InteropServices. ComInterfaceType. InterfaceIsIDispatch。

（14） P/Invoke entry points should exist

Pinvoke 应该存在入口点。

（15） P/Invokes should not be visible

Pinvoke 应该是不可见的。

4. Mobility Rules（移动性规则）

（1） Do not use idle process priority

不要使用 idle 进程优先级。

（2） Do not use timers that prevent power state changes

不要使用阻止电源状态更改的计时器。

5. Naming Rules（命名规则）

（1）Compound words should be cased correctly

复合词应该使用正确的大小写（不要将 Mutlipart 写成 MultiPart，也不要将 ToolBar 写成 Toolbar，FileName 写成 Filename）。

（2）Do not name enum values 'Reserved'

不要在枚举值中使用保留字。

（3）Do not prefix enum values with type name

不要对枚举值使用类型前缀（如不要使用 Digital 之类的前缀）。

（4）Events should not have before or after prefix

事件的名称不应该包含 before 和 after 前缀（尽量使用 ing 和 ed 的后缀）。

（5）Flags enums should have plural names

标记有 System. FlagsAttribute 特性的枚举应该使用复数形式的名称。

（6）Identifiers should be cased correctly

标示符（名字空间、类名、属性名、接口名、方法名等）应该使用正确的大小写（通常以大写开头，以后的每个单词都首字母大写）。

（7）Identifiers should be spelled correctly

标示符应该可以被正确的划分为不同的单词。

（8）Identifiers should differ by more than case

标示符应该不止有大小写上的不同（因为某些语言是不区分大小写的）。

（9）Identifiers should have correct prefix

标示符应该使用正确的前缀（接口应该使用字母 I 开头）。

（10）Identifiers should have correct suffix

标示符应该使用正确的后缀。

（11）Identifiers should not contain type names

标示符不应该包含类型名。

（12）Identifiers should not contain underscores

标示符不应该使用下划线。

（13）Identifiers should not have incorrect prefix

标示符不应该使用不正确的前缀（比如不应使用一个字母作为前缀）。

（14）Identifiers should not hae incorrect suffix

标示符不应该使用不正确的后缀（不要在不正确的地方使用 Delegate、Enum、Flags for an enumeration、Impl 等后缀名）。

（15） Identifiers should not match keywords

标示符不应该与系统关键字冲突。

（16） Only FlagsAttribute enums should have plural names

只有标记有 System. FlagsAttribute 特性的枚举的名称才应该使用复数，其他时候应该使用单数。

（17） Parameter names should match base declaration

派生项的参数名应该同基项相吻合（派生类重写或实现的方法应该同基项具有相同的参数名）。

（18） Proerty names should not match get methods

属性名字不应该同 Get 开头的方法的名称的后半部分相同。

（19） Resource string compound words should be cased correctly

包含符合单词的资源字符串应该使用正确的大小写（每个单词的首字母大写）。

（20） Resource string should be spelled correctly

资源字符串应该拼写正确。

（21） Type names should not match namespaces

类型的名字不应该与名字空间的名字相同。

（22） Use preferred terms

优先使用某些项目或者名称，以下这些，后者为优先使用的：

1） ComPlus/EnterpriseServices

2） Cancelled/Canceled

3） Indices/Indexes

4） LogIn/LogOn

5） LogOut/LogOff

6） SignOn/SignIn

7） SignOff/SignOut

8） Writeable/Writable

6. Performance Rules（性能规则）

（1） Avoid calls that require unboxing

避免调用一个方法，它返回 object 类型，而用户需要的是一个值类型（需要对返回值进行拆箱操作）。

（2） Avoid costly calls where possible

尽可能地避免进行代价高昂的调用。

（3） Avoid excessive locals

避免使用过多的局部变量（多于 64 个，部分可能是编译器生成的）。

（4） Avoid uncalled private code

避免声明在程序集内从来未被调用的私有成员（private 和 internal）。

（5） Avoid uninstantiated internal classes

避免声明不会被实例化的内部类。

（6） Avoid unnecessary string creation

避免创建不必要的 string 实例（犹指通过 ToLower 和 ToUpper 创建的 string）。

（7） Avoid unsealed attributes

避免声明未封闭的特性（attributes）（建议：声明为 sealed/ NotInheritable - vb. net 或者 abstract）。

（8） Avoid unused parameters

避免在方法声明中包含不会被使用的参数。

（9） Dispose methods should call SuppressFinalize

Dispose 方法应该调用 SuppressFinalize，以请求系统不要调用其 Finalize 方法。

（10） Do not call properties that clone values in loops

不要在循环中使用“返回一个 Clone 的对象的属性”（每次返回“引用不同”的对象，会导致创建大量的相同的对象）。

（11） Do not cast unnecessarily

不要进行不必要的类型转换。

（12） Do not concatenate strings inside loops

不要在循环内串联 string（建议：使用 StringBuilder 代替 string）。

（13） Do not ignore method results

不要忽略方法的返回值（通常调用 string 的方法会返回新的 string）。

（14） Do not initialize unnecessarily

不要进行不必要的初始化（比如将类成员初始化为它的默认值）。

（15） Initialize reference type static fields inline

在静态成员声明的时候直接初始化或者调用静态方法初始化。

（16） Override equals and operator equals on value types

对于公有的值类型，重写 equals 方法和“= =”操作符。

（17） Prefer jagged arrays over multidimensional

使用锯齿形数组代替多维数组（当数组各元素的长度可能不一致时）。

（18）Properties should not return arrays

公有类型的属性不应该返回数组。

（19）Remove empty finalizers

移除空的终结器。

（20）Remove unused locals

移除未使用过的局部变量。

（21）Test for empty strings using string length

使用 length 属性测试字符串是否为空。

（22）Use literals where appropriate

在适当的时候使用 const 代替 static readonly（const 是编译时赋值的）。

7. Portability Rules（移植性规则）

（1）P/Invoke declarations should be portable

P/Invoke 声明应为可移植声明。

（2）Use only API from targeted framework

仅使用目标框架的 API。

（3）Value type fields should be portable

值类型字段应该是可移植的。

8. Security Rules（安全性规则）

（1）APTCA methods should only call APTCA methods

APTCA 方法应只调用 APTCA 方法。

（2）APTCA types should only extend APTCA base types

APTCA 类型应只扩展 APTCA 基类型。

（3）Array fields should not be read only

数组字段不应为只读。

（4）Call GC. KeepAlive when using native resources

使用本机资源时调用 GC. KeepAlive。

（5）Catch non－CLSCompliant exceptions in general handlers

在常规处理程序中捕捉非 CLSCompliant 异常。

（6）Do not declare read only mutable reference types

不要声明只读可变引用类型。

（7）Do not indirectly expose methods with link demands

不要使用链接请求间接公开方法。

（8）Method security should be a superset of type

方法安全性应是类型安全性的超集。

（9）Override link demands should be identical to base

重写的链接请求应与基类相同。

（10）Pointers should not be visible

指针不应该可见。

（11）Review declarative security on value types

检查有关值类型的声明性安全。

（12）Review deny and permit only usage

检查 deny 权限和 permit only 权限的使用情况。

（13）Review imperative security

检查命令性安全。

（14）Review SuppressUnmanagedCodeSecurityAttribute usage

检查 SuppressUnmanagedCodeSecurityAttribute 用法。

（15）Review visible event handlers

检查可见的事件处理程序。

（16）Seal methods that satisfy private interfaces

密封满足私有接口的方法。

（17）Secure asserts

保护断言。在不执行任何安全检查的情况下断言安全权限，则会在代码中留下可利用的安全漏洞。

（18）Secure serialization constructors

保护序列化构造函数。

（19）Secured types should not expose fields

受保护类型的字段不应公开。

（20）Security transparent assemblies should not contain security critical code

安全透明程序集不应包含安全关键代码。

（21）Security transparent code should not assert

安全透明代码不应断言。

（22）Security transparent code should not reference non－public security critical members

安全透明代码不应引用非公共的安全关键成员。

（23）Static constructors should be private

静态构造函数应为私有。

（24） Type link demands require inheritance demands

类型链接请求需要继承请求。

（25） Wrap vulnerable finally clauses in outer try

在外部 try 块中包装易受攻击的 finally 子句。

9. Usage Rules（使用性规则）

（1） Attribute string literals should parse correctly

应正确分析属性字符串文本。

（2） Call base class methods on ISerializable types

对 ISerializable 类型调用基类方法。

（3） Call GC. SuppressFinalize correctly

正确调用 GC. SuppressFinalize。

（4） Collection properties should be read only

集合属性应该是只读的。

（5） Disposable fields should be disposed

应释放可释放的字段。

（6） Disposable types should declare finalizer

可释放类型应声明终结器。

（7） Do not call overridable methods in constructors

不要在构造函数中调用可重写的方法。

（8） Do not decrease inherited member visibility

不要降低继承成员的可见性。

（9） Do not ignore method results

不要忽略方法结果。

（10） Do not mark enums with FlagsAttribute

不要使用 FlagsAttribute 标记枚举。

（11） Do not mark serviced components with WebMethod

不要使用 WebMethod 标记服务组件。

（12） Do not raise exceptions in exception clauses

不要在异常子句中引发异常。

（13） Do not raise reserved exception types

不要引发保留的异常类型。

（14） Do not ship unreleased resource formats

不要发行未发布的资源格式。

（15） Finalizers should be protected

终结器应受到保护。

（16） Finalizers should call base class finalizer

终结器应调用基类的终结器。

（17） Implement ISerializable correctly

正确实现 ISerializable。

（18） Implement serialization constructors

实现序列化构造函数。

（19） Implement serialization methods correctly

正确实现序列化方法。

（20） Initialize value type static fields inlinee

初始化内联值类型的静态字段。

（21） Instantiate argument exceptions correctly

正确实例化参数异常。

（22） Mark all non – serializable fields

标记所有不可序列化的字段。

（23） Mark ISerializable types with SerializableAttribute

用 SerializableAttribute 标记 ISerializable 类型。

（24） Mark Windows Forms entry points with STAThread

使用 STAThread 标记 Windows 窗体的入口点。

（25） Members should differ by more than return type

成员不应只是返回类型不同。

（26） Non – constant fields should not be visible

非常数字段不应该是可见的。

（27） Operations should not overflow

运算不应溢出。

（28） Operator overloads have named alternates

运算符重载具有命名的备用项。

（29） Operators should have symmetrical overloads

运算符重载具有命名的备用项。

(30) Overload operator equals on overriding ValueType. Equals

重写 ValueType. Equals 时应重载相等运算符。

(31) Override Equals on overloading operator equals

重载等号运算符时重写 Equals 方法。

(32) Override GetHashCode on overriding Equals

重写 Equals 时重写 GetHashCode。

(33) Pass System. Uri objects instead of strings

传递 System. Uri 对象而不是字符串。

(34) Provide deserialization methods for optional fields

为可选字段提供反序列化方法。

(35) Rethrow to preserve stack details

再次引发以保留堆栈详细信息。

(36) Review unused parameters

检查未使用的参数。

(37) Test for NaN correctly

正确测试 NaN。

(38) Use managed equivalents of Win32 API

使用 Win32 API 的托管等效项。

(39) Use params for variable arguments

对个数可变的参数使用 params。